/ 周 毅 翻 糖 教 室 /

翻糖蛋糕之神话集

周 毅 主编

副主编 ◎ 徐寅峰 陈 龙 戴 伟 谢 玮 唐佳丽 王 黎

参 编 ◎ 龙群华 陈晓军 熊华涌 周启伟 马瑞玲

机械工业出版社
CHINA MACHINE PRESS

翻转吧，甜蜜的事业，甜蜜的生活！

创造翻糖蛋糕的每分每秒都是甜蜜的，我希望大家看我的书也可以拥有相同的心境。

对我而言，制作翻糖蛋糕既是爱好也是事业，这种开心是不言而喻的。偶然的机会接触到翻糖，结果很快深陷其中不可自拔。从翻糖领域的小白到后来的世界冠军，这段人生既是我成长创业的历程，又是甜蜜生活的缩影，其中有梦想和欢笑，有痛苦和泪水，还有我想传达的不拘自我的生活方式。

2017 年 11 月，我参加了于英国举办的世界权威性翻糖蛋糕大赛 "Cake International"，一举获得三金两铜的好成绩，并获得全场最高奖。因为刻画的服装、器物过于逼真，评委一直都在询问：这真的是用糖做的么？糖做的衣服为什么可以薄如蝉翼？在得到我们肯定的答复后连声惊呼："Amazing！Amazing！Amazing！"

参赛前，我们在上海还有一个展会，参展结束后距离比赛还有 5 天，就在这 5 天里，我们通宵达旦地赶制作品，每天只能睡两三个小时。在这种高强度、精神高度集中的工作过后，我和伙伴们在登上去英国的飞机后即秒睡，一直睡到飞机落地。到达比赛现场，看到高手云集，有来自全世界的 1500 多个作品，心中很是忐忑不安。经过紧张激烈的评选，在宣布颁发全场最高奖时，作品《武则天》突然出现在大屏幕上，同时主持人激动地宣布获奖作品就是《武则天》。那一刻，我整个人是懵的，强烈的震撼令我怀疑自己出现了幻觉，直到现场所有的中国人都激动万分，纷纷望着我，簇拥着我走向颁奖台。我和现场的中国人一起高呼："China！China！……" 一些国外的粉丝和朋友，都过来祝贺我。

在 2018 年 10 月，我从全球候选人中胜出，获得了被誉为蛋糕界的奥斯卡奖——Cake Masters（蛋糕大师组织）全球提名！拿到了国际人偶蛋糕最佳设计师奖（Modelling Excellence Award），同时摘得 2018 年年度国际翻糖蛋糕设计全场最高艺术家奖（Cake Artist of the Year）的桂冠。我成为在这样权威的国际比赛中两次被授予全场最高奖的中国人，再一次为祖国捧回荣誉。当天晚宴上，英国爵士率先起立为我们鼓掌，其后上千名来自全世界的最顶尖的蛋糕师们纷纷起立为我们鼓掌欢呼。我们再次让全世界看到璀璨的中国技艺、中国文化以及匠人匠心的创造力。

如果你也想进入这个甜蜜的世界，那么就从现在开始吧。学习，每天都是开始的最佳时机。欢迎关注我的微信公众号，让我们一起在这个甜蜜的世界度过甜蜜时分吧。

周 毅

微信扫一扫
线上课程学习

作者简介

周 毅

翻糖蛋糕大师、面塑大师、拉糖大师、食品雕刻大师、畅销书作者。

2017年，糖王周毅带领团队，参加了在英国举办的世界权威性翻糖蛋糕大赛（Cake International），摘得三金两铜，其中作品《武则天》获全场最高奖。

2018年10月，周毅获得了被誉为蛋糕界的奥斯卡奖——Cake Masters（蛋糕大师组织）全球提名！从全球10万多名候选人中脱颖而出，拿到了国际人偶蛋糕最佳设计师奖（Modelling Excellence Award），同时摘得2018年年度国际翻糖蛋糕设计全场最高艺术家奖（Cake Artist of the Year）的桂冠。

人民网、英国BBC、CCTV4-中文国际、北京青年报、腾讯新闻、今日头条、环球时报、中国新闻网、梨视频、二更视频等各大媒体争相采访报道。受邀参加了《快乐大本营》《天天向上》《中国梦想秀》《有请主角儿》《过年七天乐》《端午正风华》《行走苏城》等节目。

戴 伟

这个时代，谁在改变世界？除了天才，还有偏执狂。我是戴伟，介于两者之间。

我出生于顶厨世家，父亲是中餐厨师，但我却对西点情有独钟，因为它承载了人们对食物最原始的甜蜜幻想。我想把这份甜蜜愉悦的感受带给更多人，所以从2009年开始西点造型的学习之路。从食物雕刻开始，每天练习超过9小时，以近乎偏执的精神，成就了今天娴熟的拉糖、翻糖技术。

法国西点大师 Jean-Francois Arnaud 先生曾说过，用美好的食物给人们带来愉悦，是从事这份职业的初衷，而我也非常享受制作的过程。将简单的材料把玩于股掌之间，稍作构思，便像画家泼墨一般在案板上行云流水，幻化出一个个精妙的造型，食物也像被赋予了生命一般，带着我的巧思走进每个人的口中、心中。

谢 玮

仙妮贝儿创始人，仙妮贝儿是SK糖王学院战略合作单位。接触到翻糖这个行业只有短短10年，但对我来说，糖是陪伴我成长的玩伴。祖父和父亲是家乡传统糕点传承人，幼时的我和家人一起生活在父亲的工坊中，那是一个充满香味和甜蜜的世界，麦芽糖和面粉混合在一起就是我童年的玩具泥，对于忙碌的家人来说，不用担心误食。从小的耳濡目染让我对烘焙产生了浓厚的兴趣。在接触到翻糖这种从国外引进的技术时，我经仔细研究发现产品结构竟然和幼时父亲做的手工泥十分相似，欣喜的我投入了很多精力改善提升翻糖原料的品质，机缘巧合下创立了仙妮贝儿翻糖公司。本着对烘焙事业的热爱，用心做好每一份原料。

唐佳丽

爱美是每个女孩的天性，而我不仅爱美，更爱创造美好的事物。接触翻糖行业之前，我就喜欢画画，画一些美好的事物。当遇到翻糖时，我惊奇地发现美丽的事物可以通过双手，从平面转成立体，在蛋糕上用各种工艺塑造出不一样的状态，比如用糖霜做出高贵烦琐的蕾丝，用干佩斯做出惟妙惟肖的花朵、造型各异的人偶等，翻糖能搭建出各类梦幻的场景。因为热爱，所以专注。为了检验自己的技艺，我开始参加国内外翻糖比赛，在竞争中磨炼自己，也结识了很多志同道合的朋友，渐渐在行业中有了一定的知名度，开始教导学生。这不仅是手艺的延续，也是热爱的传承。

个人获得的荣誉：2015年亚洲日本蛋糕展（Japan Cake Show）铜奖；2016年香港国际婚礼蛋糕比赛金奖；2017年英国国际蛋糕大赛（Cake International）皇室糖霜组金奖。

目录

工 具
介 绍

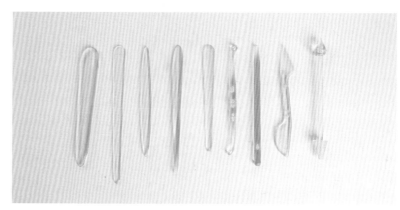

常用的工具 9 件套

主塑刀 3 件

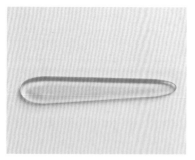

大号主塑刀

主要用于五官大体的塑型，以及一些大型的人物制作。正文中称"大号主刀"。

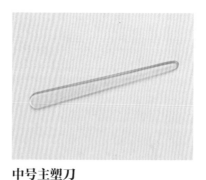

中号主塑刀

用于制作眼包、嘴唇等比较小的五官。正文中称"中号主刀"。

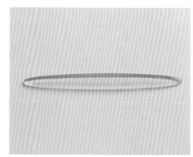

小号主塑刀

制作一些很小的人物头像或衣服褶皱等。正文中称"小号主刀"。

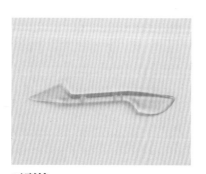

刀型棒

制作头发纹路、衣服纹路，裁一些衣服料。

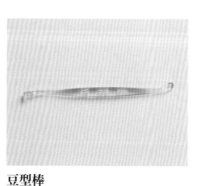

豆型棒

制作人物及卡通动物的眼窝，使眼睛更立体有型。

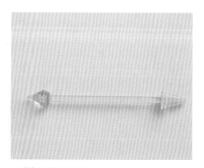

圆锥形塑型棒

制作花芯，捻花瓣等。

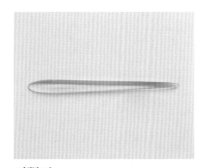

开眼刀

制作人物的眼睛、衣服、头发纹理等。

针型棒

固定头部，制作衣服褶边等。

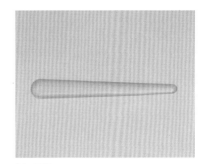

鳞型棒

制作头发纹理、贝壳花纹等。

其他工具

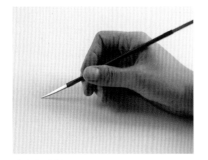

金属开眼刀

开嘴、开眼，辅助粘贴眼睫毛等。

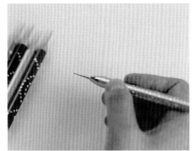

小球刀

人物五官定位、制作圆形纹理等。

大球刀

捻薄花瓣边缘、衣服边缘，制作一些大型的圆形纹理等。

镊子

镶嵌宝石、粘饰品等。

小剪刀

修剪手指、脚趾、头发、衣服等。

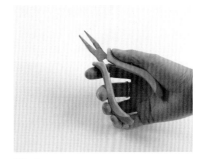

钳子

制作人物支架。

勾线笔

常用的是 000（正文中称 3 个 0）号、00000（正文中称 5 个 0）号勾线笔（0 越多越细），绘制面部妆容。

粉刷

面部及其他部分上色。

雕刻刀（美工刀）

裁剪衣服、鞋子等。

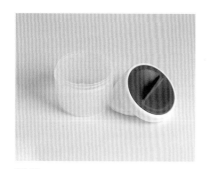

粉扑

防粘。

白油

在人偶制作过程中用于整体保湿。

食用胶水

粘东西。

食用胶水笔

装食用胶水。

糖花造型工具 12 件套

制作蛋糕、人偶配件等。

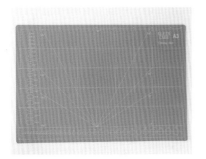

切割垫

可以在上面任意切割，保护桌面。

海绵垫

捻花瓣或各类花纹、褶皱等。

喷枪

给蛋糕、人物上色。

工具箱

放置各类工具、模具。

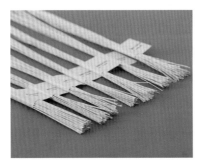

铁丝

制作身体支架、头发支架、衣服支架等（型号不同粗细也不同，号越大铁丝越细）。

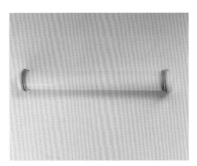

小擀面棍

擀薄一些做衣服或者鞋子等的翻糖皮。

凹形工具

放置制作的头部，使其不易变形，也可用于辅助花瓣定型等。

纸胶带

捆绑各类支架、花枝等。

原料介绍

翻糖膏

翻糖膏是用来做翻糖皮用的，质量好的翻糖膏颗粒细微，质地细腻，无颗粒感，延展性和定型性更佳，表面如丝绸般顺滑。拥有透明度高、色泽洁白、高延展性、手感扎实等特点。保湿性强，包面时不易出现破口、褶皱，可以反复使用，容易操作，因此初学者也更易上手。使用范围极广，在制作欧式布纹和窗帘时效果极佳。

奶香味翻糖膏

奶香味翻糖膏与普通翻糖膏最大的不同点就在于它的口感，入口一股纯正的奶香味在口腔中徘徊，口感更好，味道更纯正。

高质量的奶香味翻糖膏具有高保湿、手感细腻、操作性强等优点，蛋糕制作好以后2天内不会有干掉的情况出现，会一直保持柔软，保证顾客吃蛋糕时表皮依旧是刚做好的口感。

花卉干佩斯

花卉干佩斯是一种延展性强、定型快、干燥时间短的翻糖原料，能够制作出生动精细的花枝叶脉、花瓣纹路。用花卉干佩斯制作出来的糖花造型生动逼真，花瓣轻薄、透光性强，整体效果更好。

好的花卉干佩斯选用轻微保湿性原材料，使得干燥时间延长但又不会影响作品的定型效果，更适合制作一些精细的小物件，不会在操作过程中很快出现干裂、死痕等情况。制作花瓣时可以一次性多擀出5~10瓣备用，提高工作效率的同时不影响成品效果，所以就算初学者也能做出精美的糖花。

人偶干佩斯

人偶干佩斯是根据现代翻糖使用情况而衍生出的一种新产品。与花卉干佩斯一样，人偶干佩斯的出现就是为了让大家在制作人偶时更好上手。其表面细腻光滑，干燥慢，定型快，不粘手，适合刻画人物的五官及一些精巧的位置，表现皮肤细腻的质感。干燥速度慢可以让我们拥有充足的时间操作，不用担心表面干裂，而在制作手臂、头发时就能体现出定型速度快的好处了，制作好的部件摆放在边上5分钟就开始变硬，方便操作。

柔瓷干佩斯

新一代的柔瓷干佩斯和传统材料相比，在柔韧性、保湿性、透光性等特性上显著提升。这种柔瓷干佩斯做好的仿真花卉，花瓣柔软、纹路清晰、不易破损，与真花一般无二。也同样因为柔瓷的优点，在制作仿真人物的服饰时，柔韧性好，不易破损，透明度高，使得服饰更通透，仿真度高。柔软度高使得材料可以反复操作折叠，不会因为材料干燥发愁，对于人物服饰的制作绝对是一大助力。

糖牌干佩斯

糖牌干佩斯能防潮，适合做所有配件类产品，如小公仔、装饰花卉、糖牌、半立体配件等，可在奶油蛋糕、甜品、冰淇淋上当装饰使用。手感细腻扎实，不粘手、不粘桌子、不粘工具，脱模容易，质地柔软好操作，干燥后防潮效果极佳。

即时蕾丝膏

即时蕾丝膏是代替传统蕾丝粉的新型产品，不仅价格更便宜，而且省去了中间等待脱模的时间，即刮即用。色泽洁白，可以调配任何想要的颜色，延展性极佳，在取模时不会发生断裂的情况。手感更加柔软，在刮蕾丝时更省力，现在就算是女生也能轻易刮得动。

蕾丝酱料

蕾丝酱料进入大家的视线只有短短的一年时间，现在还有很多朋友不知道它，绚丽的金色和银色是它的主色调，刮在蕾丝垫上烘烤10分钟即可出品，免去了制作金银色产品时涂抹金粉的麻烦。一款翻糖蛋糕包面后只围上轻盈的蕾丝就可以销售了，为蛋糕增添几分高贵典雅的气质，既降低了时间和原料成本，又提升了档次。

高浓度色素

高浓度色素全系48色，选用进口原料调配，颜色种类齐全，着色能力强，色彩饱和度高，不易褪色。适用于为各类烘焙、甜点、巧克力、糖果等产品调色，为其增添靓丽的色彩。

天然色素

天然色素全系9色，成分天然，安全健康，添加量使用限制低。在大众理念趋于健康的现状下，天然色素的非合成、安全、健康等特点无疑会让产品更受欢迎。

美人鱼

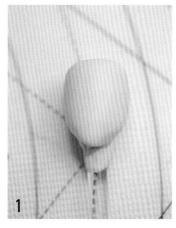

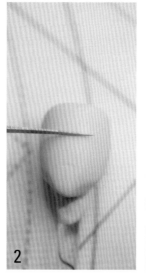

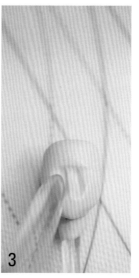

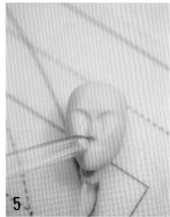

1　取一块肉色翻糖反复折叠，揉至表面光滑后固定在针型棒上。

2　金属开眼刀定出三庭。

3　大号主刀定出鼻梁的宽度。

4　然后从鼻梁向两侧延伸推出眉骨的深度。

5　中号主刀向上推出鼻头，定出鼻子的长度。

6　小球刀做出鼻孔。

7　开眼刀的弧面压出眼眶的深度。

8　小球刀定出眼睛的位置。

9　开眼刀的弧面朝上连接两个点，做出上眼眶。

10　再做出下眼眶。

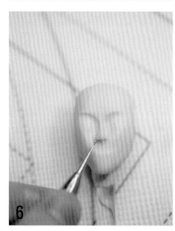

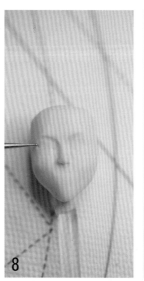

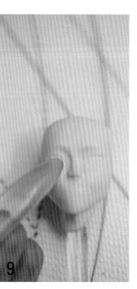

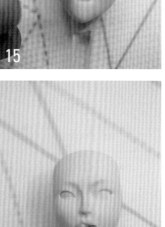

11 金属开眼刀把眼眶内的翻糖压低一些。

12 开眼刀的平面向上，推出下眼皮。

13 小球刀定出嘴巴的位置。

14 金属开眼刀分开上下唇。

15 小球刀做出人中。

16 中号主刀向上推出上嘴唇。

17 中号主刀在下巴的上方推出下嘴唇。

18 小球刀点出嘴角。

19 填入白色翻糖当眼白，压平，然后填入蓝色翻糖当眼珠，两眼大小要一致。

20 把蓝色眼珠压平，使之伏贴在眼白上。

   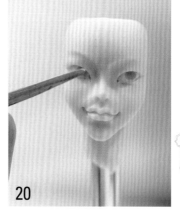

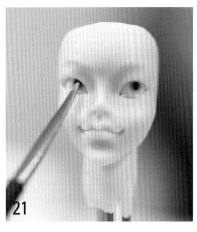

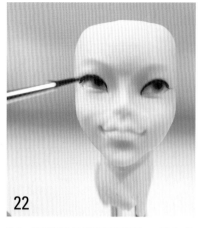

21 取暗蓝色翻糖当瞳孔，填入并压平。

22 制作出两端尖细的眼线，粘好。

23 点出眼睛的高光，一次只画一个点，不可成为模糊的一块。

24 眼珠周围用深咖啡色加深瞳孔线。

25 用5个0勾线笔画出睫毛，注意尾端带点弯度。

26 注意睫毛翘起的方向，以及密度和长短的把握。

27 用3个0勾线笔沾桃粉色色粉刷嘴唇。

28 眼眶和双眼皮之间刷玫红色过渡。

29 嘴唇表面涂上糖果表面光亮剂，注意笔刷不可太用力碰触唇，以免涂花色粉。

30 腮红刷沾少量玫红色色粉轻扫脸颊。

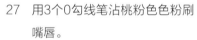

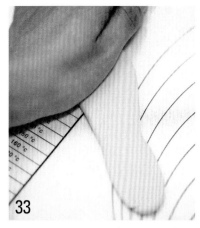

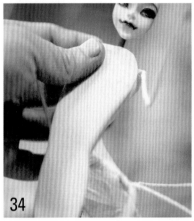

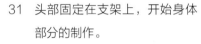

31 头部固定在支架上，开始身体部分的制作。

32 后背的翻糖要完全包裹住身体支架。

33 人物正面的大形。

34 制作人物正面时，注意预留翻糖要比支架略长，方便后面粘鱼尾。

35 注意腰部是身体最细的部位。

36 取两块大小相同的翻糖做出胸部。

37 中号主刀压一下，使边缘过渡自然。

38 装出鱼尾大形。

39 做出腹部肌肉轮廓但注意不能太明显，不能看上去像男士的肌肉一样。

40 小球刀点出肚脐眼。

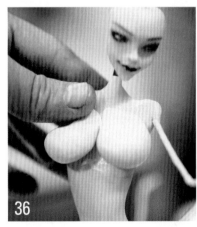

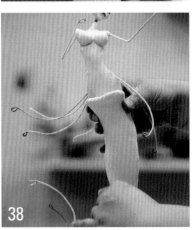

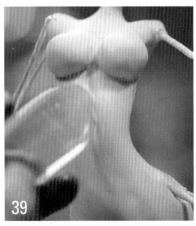

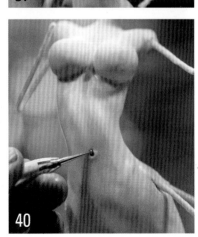

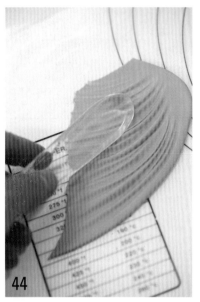

41　制作鱼鳞，取桃红色翻糖放在模具上擀，用力均匀，鱼鳞才会更完整。

42　包裹鳞片时把接口放在后方，保证正面整片无接口。

43　制作尾鳍。先把翻糖搓成细长锥形，单边压扁。

44　大号主刀在压扁的地方塑出线条并加深。

45　尾鳍和尾巴要连接好，注意尾鳍的造型和扬起角度。

46　同样的方法制作出另外一边的尾鳍，注意造型和角度。

47　做出人鱼背鳍。

48 依次添加人鱼腹鳍。

49 确定两边腹鳍大小要一致并调整造型。

50 制作裙子。注意裙摆随风飘逸起来的感觉和层次。

51 中号主刀将褶皱过渡到裙边。

52 裙子在腰部连接好，注意风吹裙子飘摆的角度和方向的合理性。

53 大号主刀过渡出衣褶。

54 制作脖子，与头部的过渡要光滑自然。

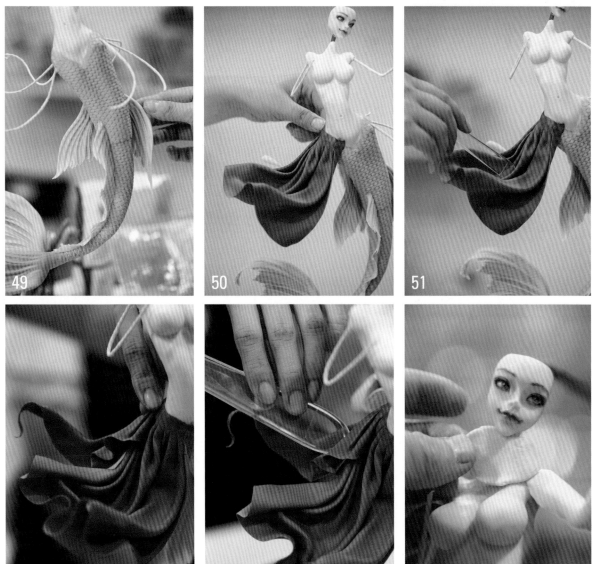

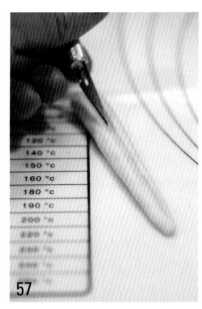

55 注意脖子的长短，皮肤表面保持平整光滑。

56 制作胳膊。取翻糖搓出上粗下细的条。

57 美工刀在翻糖正中间切出口子。

58 将翻糖打胶后粘在支架上。

59 制作右臂，使之完全包裹在支架上并把接口连好抹平。

60 调整手臂粗细。

61 制作头发。取黄色翻糖搓成锥形细长条。

62

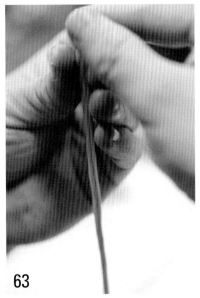

63

64

65

62　亚克力板斜着压出发丝纹理。

63　把头发卷成圆形，注意不能太用力免得破坏发纹。

64　打胶后使之伏贴地包裹在头发支架上。

65　依次添加剩余头发，注意飘摆方向和头发密度。

66　添加刘海。

67　继续粘刘海，注意长短和角度。

68　增加几根飘摆较大的头发增添美感。

66

67

68

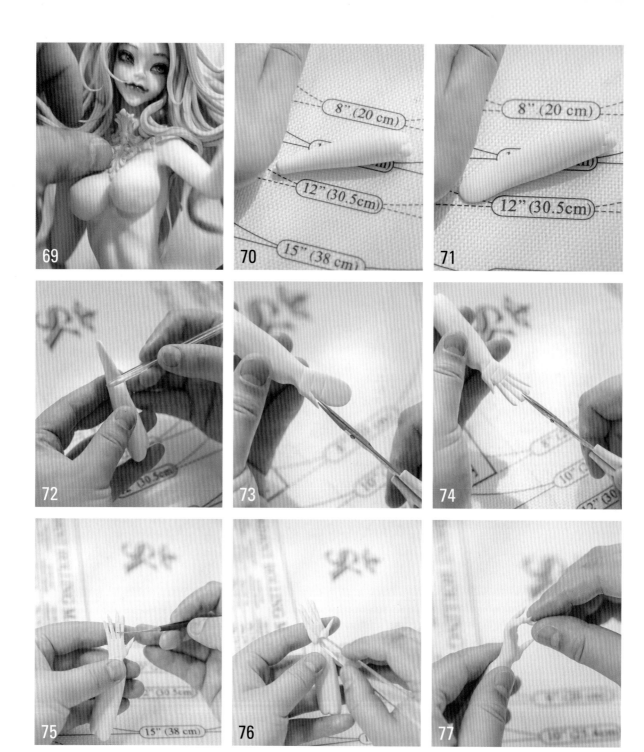

69 配上饰品。

70 制作手。取肉色翻糖搓成上粗下细的条。

71 然后把细端拍扁。

72 中号主刀压出凹槽。

73 剪出大拇指。

74 剪出其余 4 根手指。

75 金属开眼刀压出指节。

76 中号主刀压出手掌肌肉。

77 做出手指的造型。

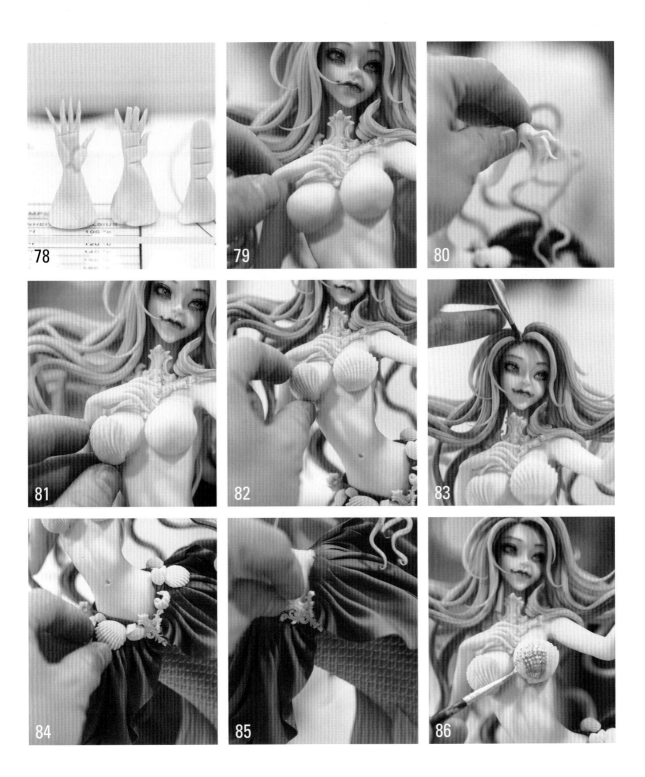

78　从右往左，是手的制作过程。

79　将做好的手和手臂连接，抹平接口。

80　做出另一只手并调整手指造型。

81　模具做出贝壳文胸。

82　注意贝壳大小和方向。

83　在头发与头连接部位刷咖啡色色粉过渡。

84　在裙腰处增加各种贝壳点缀。

85　在两片裙子之间加上配饰增加美感。

86　勾线笔在贝壳表面均匀刷上金色色粉。

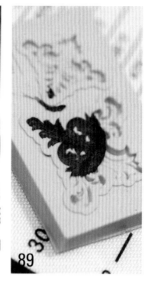

87 脖子上的配饰同样刷上金色。

88 制作王冠。取咖啡色翻糖，压在模具上，用塑料裁切刀刮去多余翻糖。

89 脱模时只取用模具上半部分（如图中形状），下半部分不用。

90 用工具轻轻挑出零件。

91 脱模后的饰品。

92 取蓝色艾素糖做出如图所示形状，用开眼刀压出凹槽。

93 在表面刷上糖花用的胶水。

94 将脱模的零件伏贴地粘在球体边缘，注意上面有段是悬空的。

95 把上面悬空的部分下压到球体里面并粘好。

96 可用金属开眼刀辅助。

97 粘时要粘到球体内壁上，保持球体中空。

98 在顶部的糖珠上打上糖花用的胶水。

99 粘上更小的配饰零件。

100 继续添加剩余的配饰零件。

101 取咖啡色翻糖搓长条压扁后，压出纹理。

102 将长条包裹在王冠底部。

103 粘好并处理好接口。

104 一圈的纹理要保持一致。

105 做好的王冠大形展示。

106 给王冠刷上金色，注意不能滴落到头发上。

107

108

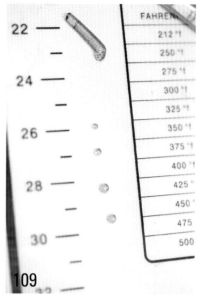

109

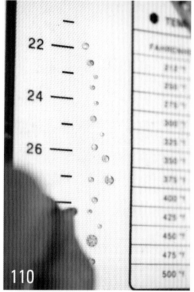

110

111

112

113

114

107　刷好金色的王冠。

108　王冠的正面展示图。

109　用艾素糖点出需要大小的蓝宝石。

110　继续点出更多蓝宝石。

111　在王冠底部正前方装饰上一颗蓝宝石。

112　要检查蓝宝石是否牢固。

113　围着王冠再添几颗蓝宝石。

114　粘好蓝宝石的王冠展示。

115 顶部也粘上蓝宝石的效果展示。

116 身体和贝壳边缘也粘上一些蓝宝石。

117 制作一些紫色的宝石点缀在贝壳边缘和身体、裙子上。

118 贝壳文胸也添加一些蓝宝石点缀，注意大小交错、疏密有致。

119 项链上也点缀上蓝宝石。

120 在身体上添加一颗更大的菱形宝石。

121 尾鳍也可以增加宝石点缀。

122 做好装饰后的成品展示。

火龙神卫

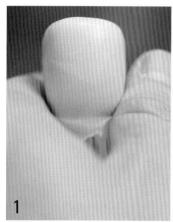

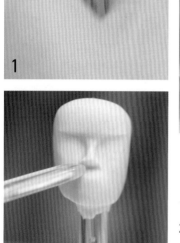

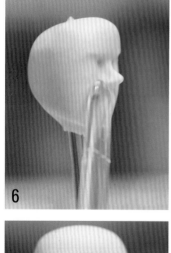

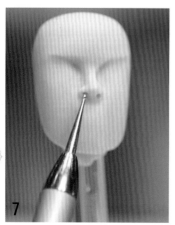

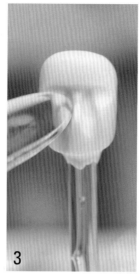

1 取一块翻糖揉至表面光滑。

2 金属开眼刀压出眉骨的深度。

3 大号主刀压出鼻子两侧的深度。

4 大号主刀向两边延伸做出眉骨。

5 大号主刀的小头定出鼻子的长度。

6 用手把脸颊两侧压平整后用中号主刀抹光滑。

7 小球刀做出鼻孔。

8 开眼刀压出眼眶的深度。

9 小球刀定出眼睛的宽度。

10 开眼刀的弧面朝上连接两个点。

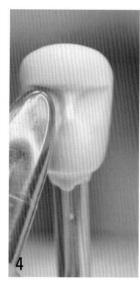

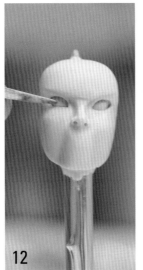

11　开眼刀的平面朝上做出下眼眶。

12　金属开眼刀把眼眶内的翻糖向下压。

13　开眼刀的平面朝上，向上推出下眼皮。

14　开眼刀的弧面朝上，做出双眼皮。

15　大号主刀从上往下压出皱眉的表情。

16　中号主刀分开两个眉骨，使其更加立体一些。

17　小球刀定出嘴巴的宽度。

18　金属开眼刀连接两个点，分出上下嘴唇。

19　开眼刀的弧面朝上，推出上嘴唇的弧度。

20　填入翻糖做出上腭，使上下嘴唇打开一些。

21 再填入一块翻糖当下腭。

22 小球刀做出人中。

23 中号主刀向上推出上嘴唇。

24 大号主刀向上推出下嘴唇。

25 用中号主刀向上推下嘴唇两侧，使上下嘴唇的嘴角连接好。

26 小球刀点出两侧嘴角。

27 中号主刀做出下巴。

28 取白色翻糖填入眼眶内当眼白。

29 金属开眼刀把眼白填平。

30 取一小块橘红色翻糖制作眼珠。

31　金属开眼刀把眼珠填平整。

32　制作眼线。取黑色翻糖搓成小条制作上眼线。

33　把搓好的上眼线安装在眼眶与眼白的夹缝之间。

34　5个0勾线笔在眼珠周围画一圈黑色的轮廓线。

35　画出瞳孔。

36　画出下眼线与双眼皮。

37　3个0勾线笔沾上咖啡色色粉画出眉毛大形。

38　嘴唇里面刷色粉加深颜色。

39　在下眼皮的下方刷一点点咖啡色色粉。

40　嘴唇上也刷一点点咖啡色色粉。

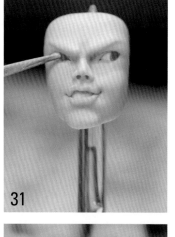

31

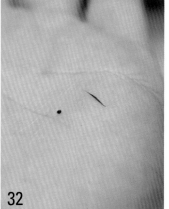

32

33

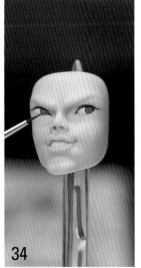

34

35

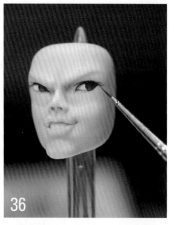

36

37

38

39

40

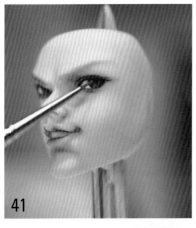

41

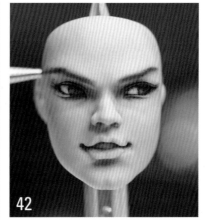

42

43

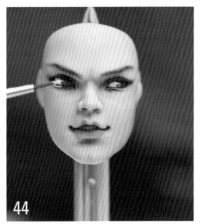

44

45

41　在双眼皮和眼角处同样刷咖啡色色粉。

42　在眉毛上刷黑色色粉。

43　眼角处也刷上黑色色粉，使眼睛看起来更立体一些。

44　点出眼睛里的高光。

45　嘴唇上也需要刷一层淡粉色色粉过渡。

46　制作好的头像展示。

47　制作人物背面。取一块大一点的翻糖搓成上粗下细的形状，在中部压出凹槽。

48　拍扁。

49　安装在支架的背部。

50　大号主刀做出背脊线。

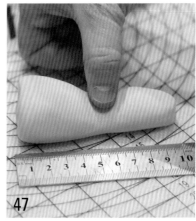

47

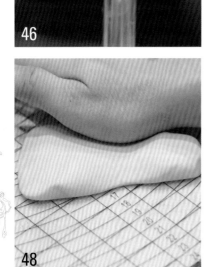

46

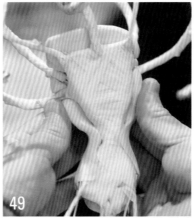

48

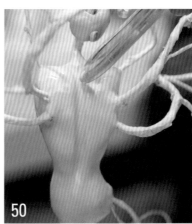

49

50

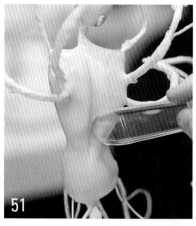

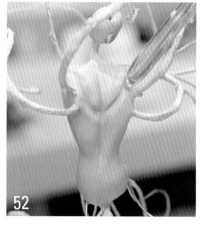

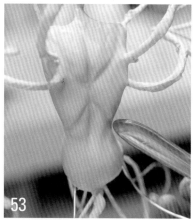

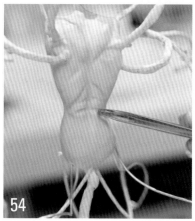

51 压好的背脊线有一些锋利，用大号主刀抹圆滑一些。

52 大号主刀压出两侧肩胛骨。

53 腰上的肌肉也用大号主刀压出来。

54 大号主刀压出腰上的小肌肉群。

55 后背做一些肌肉间的凹陷处。

56 制作好后用手指整体抹圆滑一些，使其看起来更加自然。

57 制作人物正面。取一块翻糖搓成条后拍扁。

58 安装在前胸的支架上。

59 前胸和后背的接口用手指抹平连好。

60 大号主刀定出胸肌的位置。

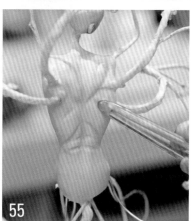

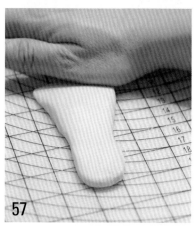

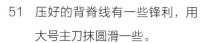

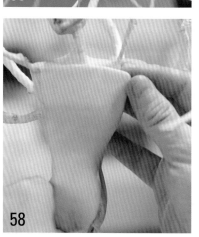

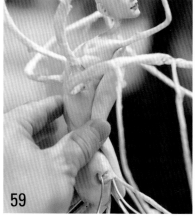

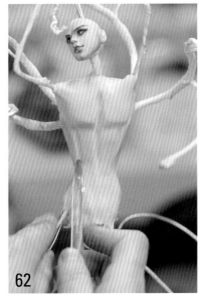

61 从中间分开。

62 大号主刀做出腹肌的轮廓。

63 大号主刀做出腹肌。

64 再做出一些小的肌肉群。

65 加深肌肉群。

66 大号主刀压出腹股沟的部分。

67 大号主刀从上往下压出锁骨的轮廓。

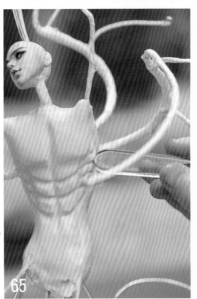

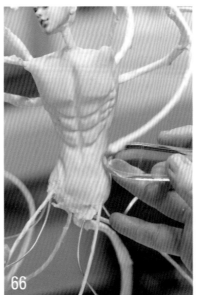

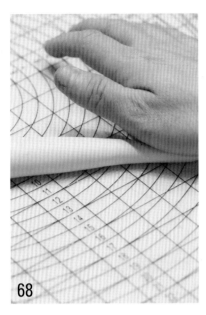

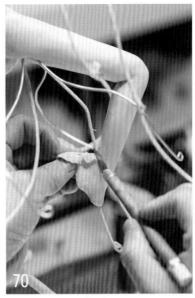

68　制作腿。取一块翻糖搓成长条后从后面切开。

69　安装在腿部支架上。

70　捏出小腿肌肉的形状后，切除多余的翻糖。

71　大号主刀做出小腿的肌肉。

72　大号主刀做出大腿上的肌肉。

73　加深一下腿部肌肉。

74　大号主刀做出膝盖。

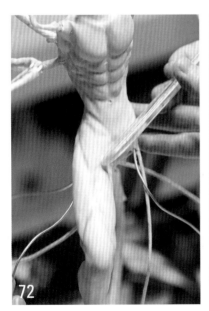

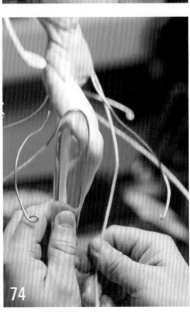

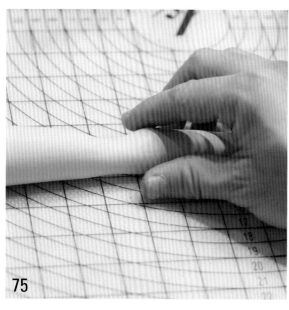

75 同样的方法制作另外一条腿，搓长条后从后面切开。

76 安装在另外一条腿部支架上。

77 大腿根部的翻糖和胯部贴好。

78 用手把接口的地方抹平，开始塑形。

79 大号主刀制作大腿的肌肉。

80 制作膝盖。

81 压出膝盖内侧的深度。

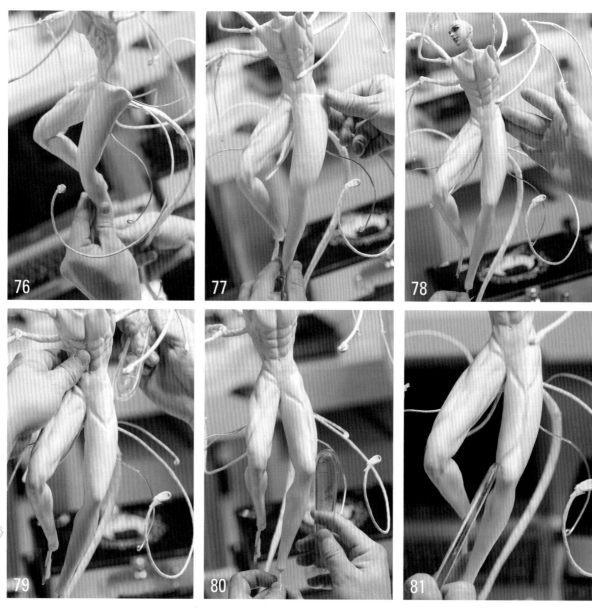

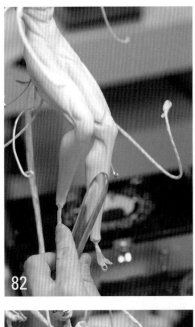

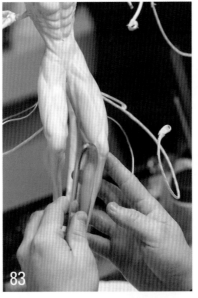

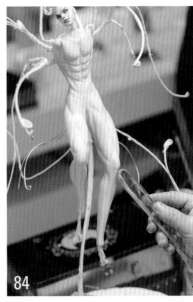

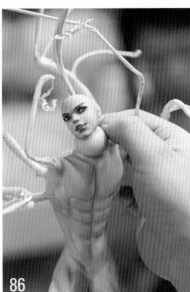

82　压出小腿肌肉的线条。

83　加深膝盖两侧的深度。

84　调整膝盖。

85　调整小腿肌肉。

86　制作脖子。取一块翻糖从前往后贴在脖子的支架上。

87　抹平脖子的接口部分。

88　使脖子和身体衔接好。

89

90

91

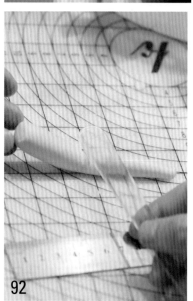

92

89　大号主刀压出锁骨两侧。

90　大号主刀做出脖筋。

91　大号主刀把锁骨抹得圆滑一些。

92　制作胳膊。取一块翻糖搓条，
　　中号主刀在中间位置压一下，
　　用美工刀切开。

93　安装在手臂支架上。

94　用手指捏出手肘。

95　中号主刀做出腋窝。

96　大号主刀从大臂与小臂之间夹
　　缝处开始往下做出肌肉轮廓。

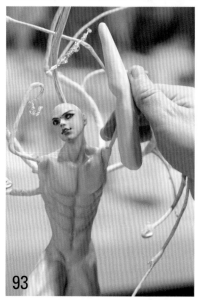

93

94

95

96

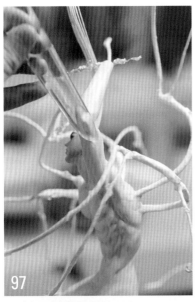

97

98

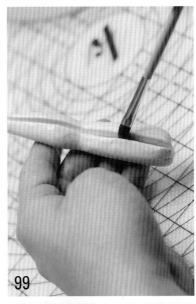

99

100

97 做出胳膊外侧手臂肌肉。

98 加深手臂外侧的肌肉。

99 同样的方法制作另外一条手臂。

100 安装在手臂支架上。

101 同样先制作出腋窝。

102 在手臂的中间开始做出肌肉。

103 大号主刀把手臂中间的位置抹
　　圆滑一些。

104 制作出肩上的肌肉。

101

102

103

104

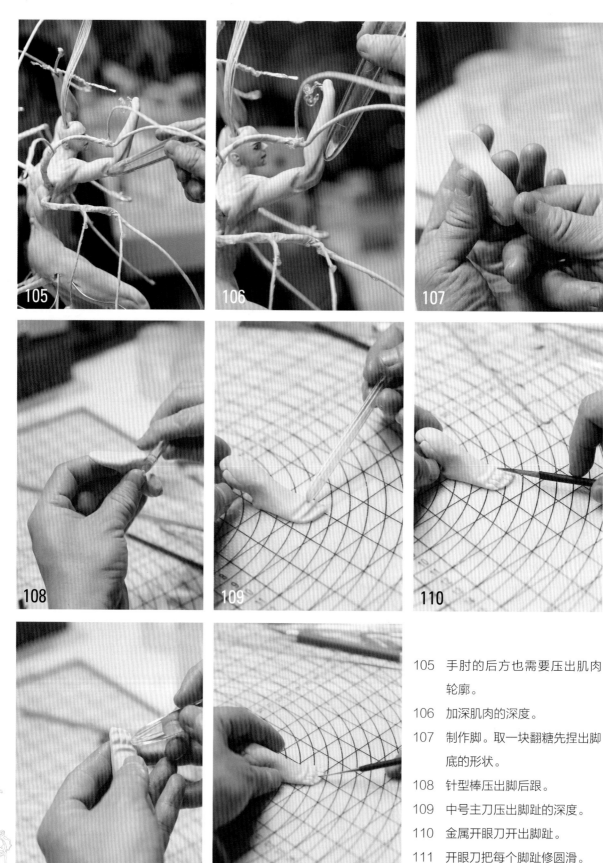

105　手肘的后方也需要压出肌肉
　　　轮廓。

106　加深肌肉的深度。

107　制作脚。取一块翻糖先捏出脚
　　　底的形状。

108　针型棒压出脚后跟。

109　中号主刀压出脚趾的深度。

110　金属开眼刀开出脚趾。

111　开眼刀把每个脚趾修圆滑。

112　金属开眼刀制作脚指甲。

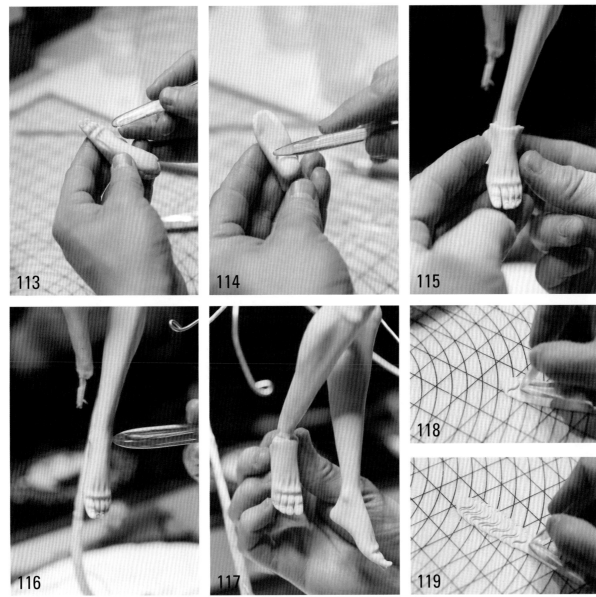

113　点压出脚筋。

114　针型棒点压滚动过渡出脚底足弓。

115　把制作好的脚掌安装在小腿末端。

116　中号主刀做出凸出的脚踝。

117　安装另外一只脚掌。

118　制作右腿的纹理。取一块糖皮，用
　　　开眼刀划出波浪形的纹理。

119　依次划出更多的纹理。

120　制作好的纹理安装在小腿上。

121　制作肩部鱼鳞。用鱼鳞硅胶模压出
　　　一片糖皮。

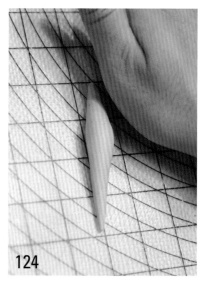

122 开眼刀把鳞片挑起来。

123 安装在背部。制作出更多的纹理和鳞片贴在后背。

124 制作左腿的纹理。取一块翻糖搓成两头细中间粗的形状。

125 用工具把两边压平，中间有条棱。

126 开眼刀制作纹理。

127 依次制作更多的纹理。

128 制作好的纹理安装在腿部。

129 制作尾巴。取翻糖搓长条，中间划开。

130 打胶后包裹在身后的铁丝上。

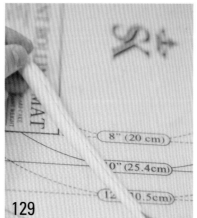

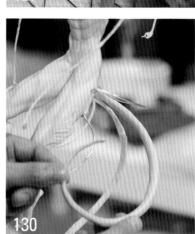

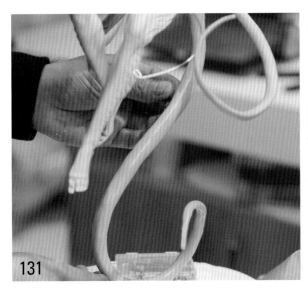

131

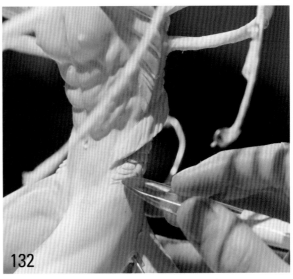

132

131　再制作一条更大的尾巴。

132　制作出鱼鳍和更细小的鳞片。

133　取红色翻糖擀糖皮。用力均匀，擀出来的布料才能厚薄一致。

134　切除多余翻糖。

135　使用粗布纹理硅胶模具制成有纹理的糖皮，用开眼刀向后拉扯出破碎的纹理。

136　折叠出褶皱。

137　贴在腰部。

138　继续制作更多的衣料，贴好后将衣料的下面固定在铁丝上，制作出褶皱。

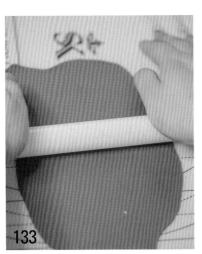

133

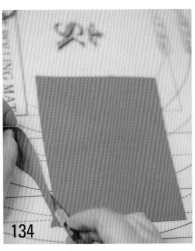

134

135

136

137

138

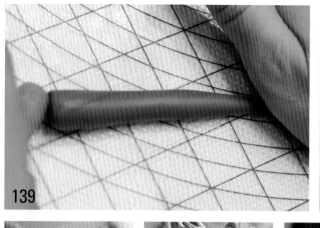

139

140

141

142

143

144

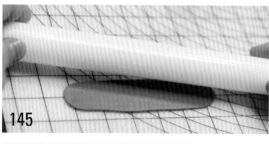

145

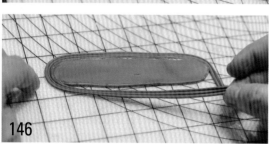

146

147

139　制作盔甲。取黑色翻糖搓成上粗下细的长条。

140　压平后放在硅胶模具上用擀面杖擀出来。

141　把制作好的盔甲放在鱼鳞模上压出纹理。

142　压好纹理的盔甲展示。

143　把制作好的盔甲安装在身前。

144　再制作一片贴在后面。

145　取黑色翻糖擀成椭圆形面皮。

146　在周围贴一圈赭石色糖条。

147　安装在腰部。

148　擀一片长条形的黄色糖皮，用钢尺压出纹理制成绳子。

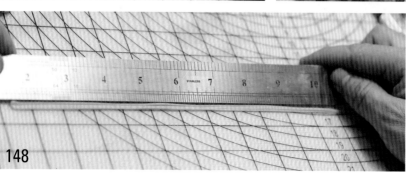

148

149

150

151

152

149　腰部盔甲中间贴上黄色绳子。

150　制作翅膀。取翻糖擀出需要大小的糖皮（需要厚一点）。

151　制作好上边的两个翅膀以后，再制作下边的两个翅膀。

152　下边翅膀的大形。

153　做出身体鳞甲的大形初坯（呈锐角三角形）。

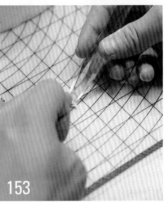
153

154　脚上也需要做一些鳞甲。

155　手臂上制作出鳞甲。

156　腋窝靠下位置，也粘上制作好的鳞甲（注意与身体的过渡连接）。

157　擀一块黑色糖皮，中间需要厚一些。

158　用塑料开眼刀做出鳞甲的大形。

154

155

156

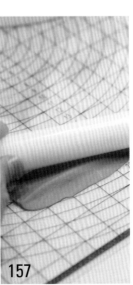
157

158

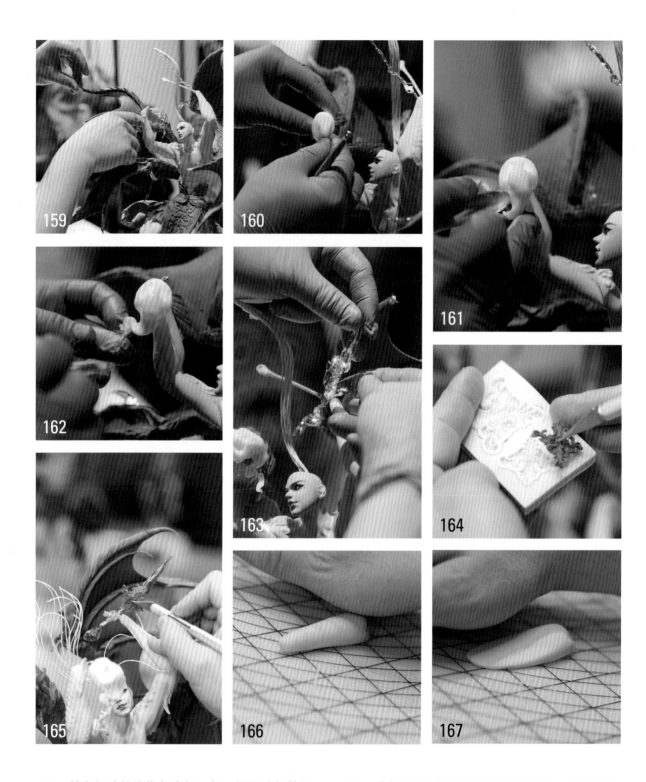

159 粘在翅膀的边缘包裹好。每一根翅膀都粘好鳞甲。

160 取一块稍软一点的艾素糖粘在支架上。

161 开眼刀在艾素糖上点出骷髅的两只眼洞。

162 将加热好的黄色拉糖粘在骷髅头向后飘摆的魂魄上。

163 黄色透明的艾素糖边加热边捏制成一个降魔杵。

164 取黑色翻糖在硅胶模上压出配件。

165 安装在黄色艾素糖上作为装饰。

166 制作手。取一块肉色翻糖搓成上粗下细的条。

167 细端拍扁。

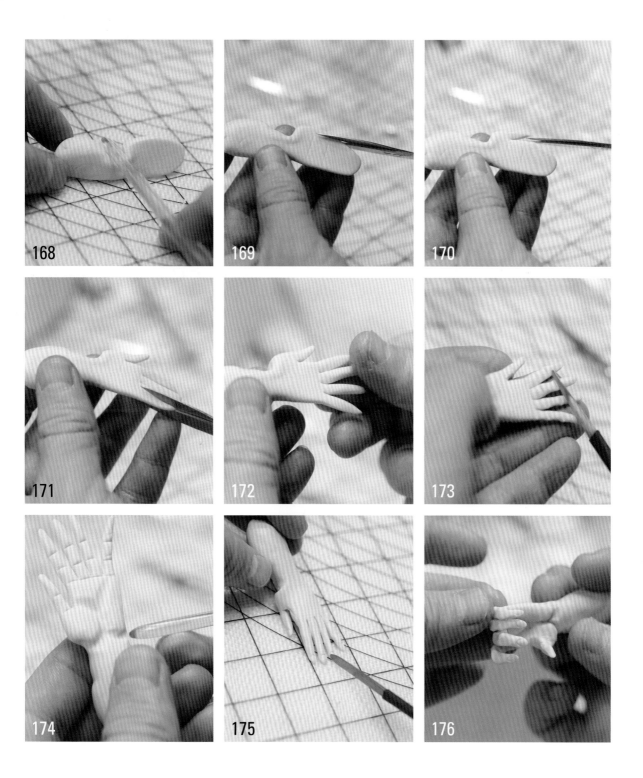

168 中号主刀从侧面往下压，定出手的长度。

169 小剪刀剪出大拇指。

170 剪的时候要注意大小是否合适。

171 剪出其余手指。

172 把手指分别搓圆滑一些。

173 金属开眼刀压出指节。

174 塑出手掌上的肌肉。

175 金属开眼刀制作指甲。

176 捏一下每个指节，使手指更加逼真。

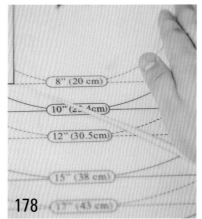

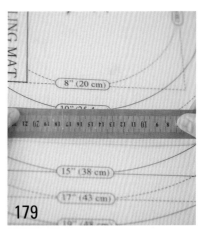

177 把制作好的手掌安装在手臂
的末端。

178 制作头发。取淡黄色翻糖搓成
细条，粗细要平滑过渡。

179 钢尺或亚克力板压出发纹。力
度略微大一些，发纹才明显。

180 把制作好的头发贴在铁丝支
架上。

181 从后往前依次贴好。

182 贴的时候要注意头发弧度顺畅。

183 头发细的那端，要处理得尖一
些，形状流畅一些。

184 把头顶的头发都贴完。

185 再贴上鬓角的头发。

186 腋下部分用喷枪喷上阴影。

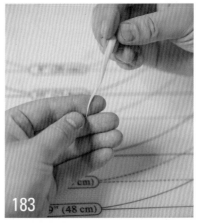

187

188

189

190

187　头发的中间部分也喷上阴影，
　　加重颜色来过渡。

188　尾巴的上端喷一层黄色。

189　腿部鳞甲也喷上黄色。

190　小腿上的鳞甲也喷上黄色。

191　背部的鳞甲也一样。

192　尾巴的中间部分喷上红色。

193　翅膀上有尖刺的地方喷一些
　　红色。

194　衣服褶皱缝处的阴影部分也
　　需要用喷枪加深颜色。

195　毛笔沾水把尾巴鳞甲的尖端
　　部分擦拭掉部分颜色，凸显出
　　鳞甲质感。

196　翅膀尖刺的部分刷一些银色，
　　增加光亮度，提升质感。

191

192

193

194

195

196

三太子

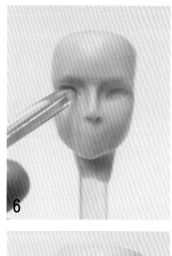

1 取一块肉色翻糖通过反复折叠揉至糖体表面光滑，捏出头型，穿在针型棒上。

2 压出眉骨的深度。

3 大号主刀在鼻梁两侧定出鼻梁的宽度，大号主刀向两边延伸，做出眉骨。

4 中号主刀在中庭的位置向上推起一些，定出鼻子的长度。

5 小球刀在鼻翼两侧点出鼻孔。

6 开眼刀的弧面朝上划半圆形，做出上眼眶。

7 把眼眶内的翻糖向下压低一些。

8 开眼刀压出双眼皮。

9 小球刀定出嘴的宽度，金属开眼刀连接两个点，并使上下唇分开。

10 上嘴唇的下方切一个三角形，做出嘴形，把嘴唇内侧的材料压低一些。

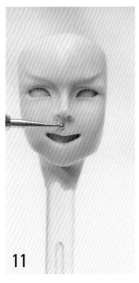

11　小球刀做出人中。

12　中号主刀在下巴的位置向上推出下嘴唇。

13　中号主刀斜着把下嘴唇两侧的翻糖填入嘴角。

14　小球刀点出两侧嘴角。

15　中号主刀在眉骨中间竖向压一个凹槽。

16　中号主刀横向往下压低眉骨的中间部分。

17　金属开眼刀在眼眶内填入白色翻糖当眼白。

18　填入黄色翻糖当眼珠。

19　金属开眼刀把眼珠填平。

20　制作眼线。取一小块黑色翻糖搓成细条。

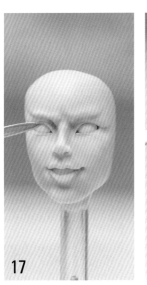

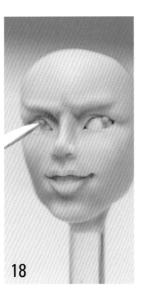

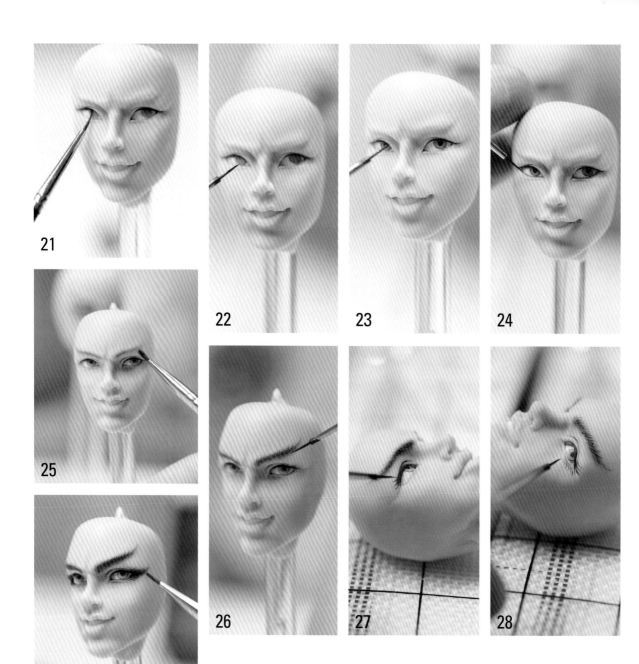

21 贴在眼眶与眼白的夹缝上，做成上眼线。

22 5个0勾线笔在眼珠周围画一圈轮廓线。

23 画出瞳孔。

24 画出下眼线。

25 5个0勾线笔沾上咖啡色色粉，画出眉毛大形。

26 画出眉毛。

27 画出双眼皮和眼角的睫毛。

28 画上另外一侧眼睛的双眼皮和眼角的睫毛。

29 在眼尾部分刷上咖啡色眼影。

30 给嘴唇刷上淡淡的粉红色色粉。

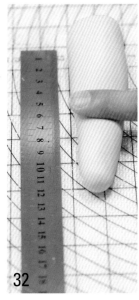

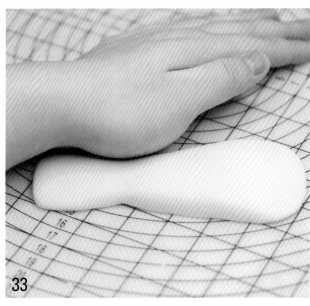

31 把制作好的头像安装在支架上。

32 制作人物正面。取肉色翻糖搓成条，在腰的位置用手指滚动按压一下。

33 用手掌把翻糖整体拍扁。

34 粘贴在前胸支架上。

35 肩上的翻糖往后固定在后面的支架上。

36 腰两侧的翻糖向后收窄并且贴合在支架上。

37 把前胸的翻糖抹光滑，大号主刀在胸部横向压下去做出胸肌。

38 中号主刀做出腹肌的轮廓，小球刀做出肚脐。

39 大号主刀在胸肌的中间向下压一刀，分出左右胸肌。

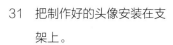

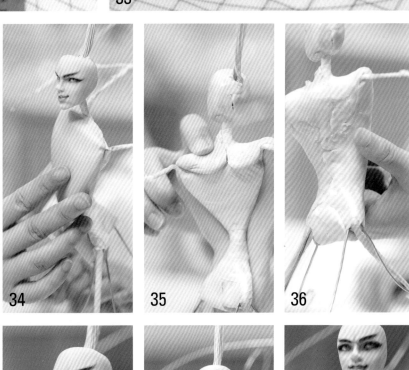

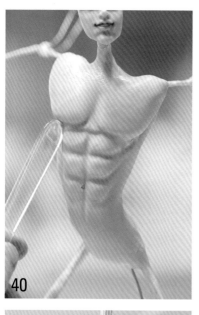

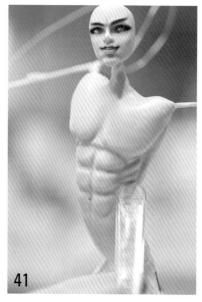

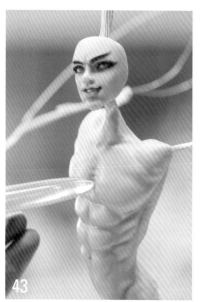

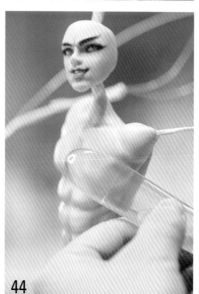

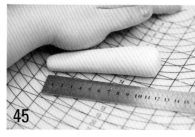

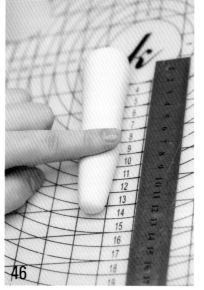

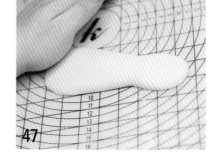

40　中号主刀做出腹肌周围的轮廓。

41　做出腹肌一侧的肌肉群。

42　做出另外一侧的肌肉群。

43　大号主刀压出胸肌上的凹陷处。

44　把整个胸肌抹圆滑一些。

45　制作人物背面。取一块翻糖搓成上粗下细的条。

46　用手指在腰的位置滚压出凹槽。

47　把整体翻糖拍扁。

48

49

50

51

48　贴在后背支架上。

49　后背与前胸的接口处用手抹平整。

50　大号主刀在后背的中间从上往下做出背脊线。

51　做出肩胛骨的肌肉轮廓。

52　腰部上方的肌肉做得稍微明显一点。

53　制作脖子。取一块翻糖拍扁后从前往后固定在脖子支架上。

54　大球刀压出锁骨中间的凹陷处。

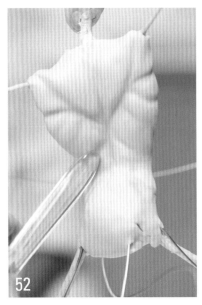

52

53

54

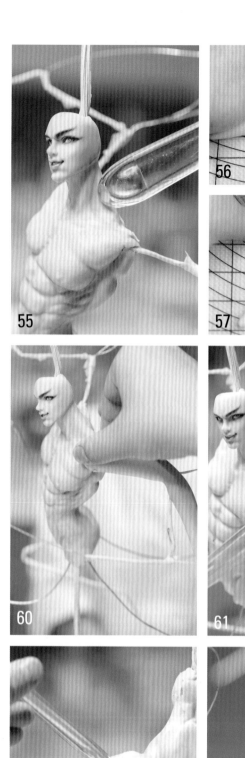

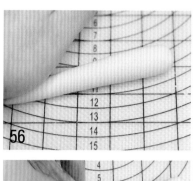

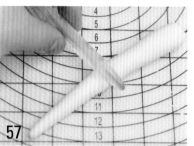

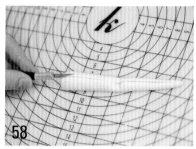

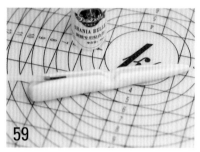

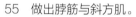

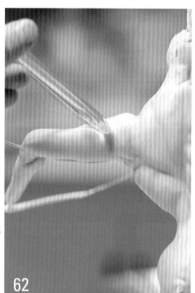

55 做出脖筋与斜方肌。

56 制作胳膊。取肉色翻糖搓成上粗下细的条。

57 大号主刀在中间压出凹槽。

58 美工刀从中间切开。

59 刷上胶水。

60 安装在手臂支架上。

61 抹平接口后用大号主刀做出腋下与肱二头肌。

62 手臂后方的肌肉轮廓也要做出来。

63 手肘两侧的肌肉要压得稍微浅一些。

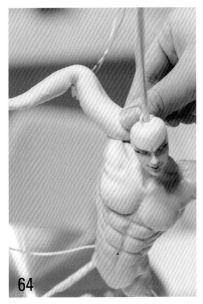

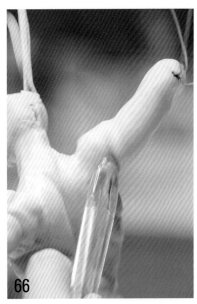

64 同样的方法制作出右臂。

65 大号主刀做出肱二头肌与
   腋下。

66 同样制作出手臂后面的肌肉。

67 做出肱二头肌。

68 制作腿。取翻糖搓成长条后
   从后面切开，安装在腿部支
   架上。

69 收窄膝盖，捏出腿形。

70 制作长袜。擀一片黑色的糖
   皮，包裹在小腿上。

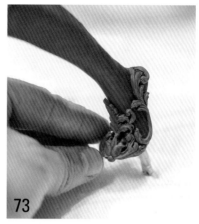

71 切除小腿与脚底多余的翻糖。

72 制作鞋子。硅胶模具压出小配件。

73 把压好的小配件安装在脚上。

74 同样的方法制作出右鞋。

75 制作袍裤。擀出一片长方形的糖皮。

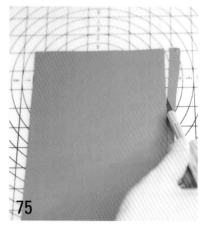

76 折叠好糖皮的上端,形成褶皱。

77 放在海绵垫上用针型棒压出波浪形纹理。

78 折叠糖皮的上方,形成褶皱。

79 贴在腰间。

80 中号主刀调整好褶皱的角度与风吹摆的方向。

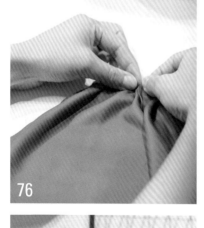

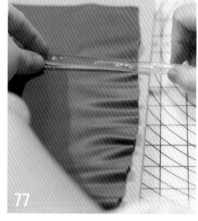

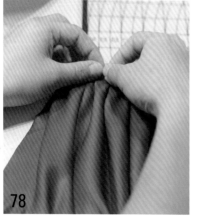

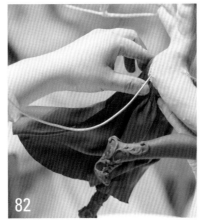

81　也可以用手来调整。

82　后方的袍子粘贴在臀部固定好。

83　中号主刀把凸起来的翻糖贴紧
　　一些。

84　制作出另外一边的袍裤。

85　中号主刀理顺褶皱纹理。

86　内侧的翻糖向胯下收紧。

87　擀一片红色糖皮。

88　裁成长方形。

89　折叠好上方后用擀面杖压薄，
　　切除多余翻糖。

90　制好的糖皮展示。

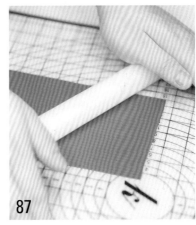

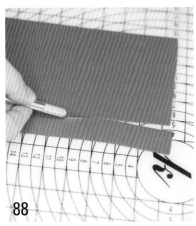

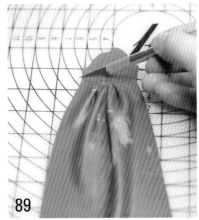

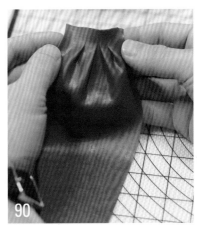

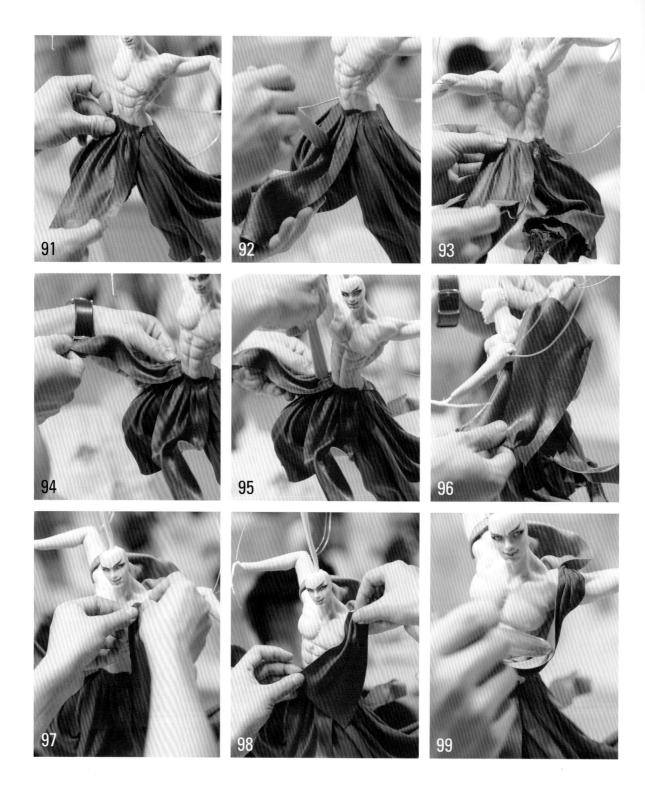

91　贴在肚子部位。

92　糖皮的上端贴在肚子上，其余部分搭在支架上，
　　用中号主刀梳理褶皱。

93　后面也贴一片红色糖皮，梳理褶皱。

94　右侧同样也贴一片。

95　中号主刀梳理褶皱。

96　另取一片糖皮折叠好，斜着贴在后背制作披风。

97　取一片稍小一点的糖皮折叠好，准备贴在肩膀上。

98　先固定好肩部的一端，再粘贴下面的一端。

99　大号主刀在衣服内侧梳理褶皱。

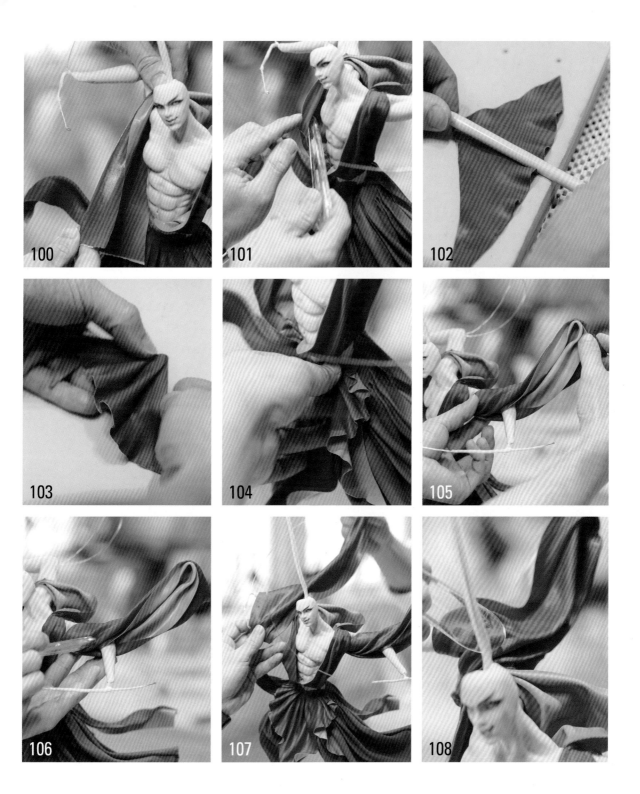

100　同样的方法制作右侧的衣服。

101　固定好两头，用大号主刀梳理衣服的纹理。

102　裁一片三角形的糖皮后放在海绵垫上用针型棒
　　　压出波浪形纹理。

103　折叠糖皮的上方。

104　贴在腰间。

105　制作袖子。擀一片糖皮，顺着胳膊上的铁丝支
　　　架绕一圈固定住，接口接在手臂的内侧。

106　中号主刀把接口部分衔接好。

107　同样做出右侧袖子。

108　中号主刀梳理袖子的褶皱并且把接口粘牢。

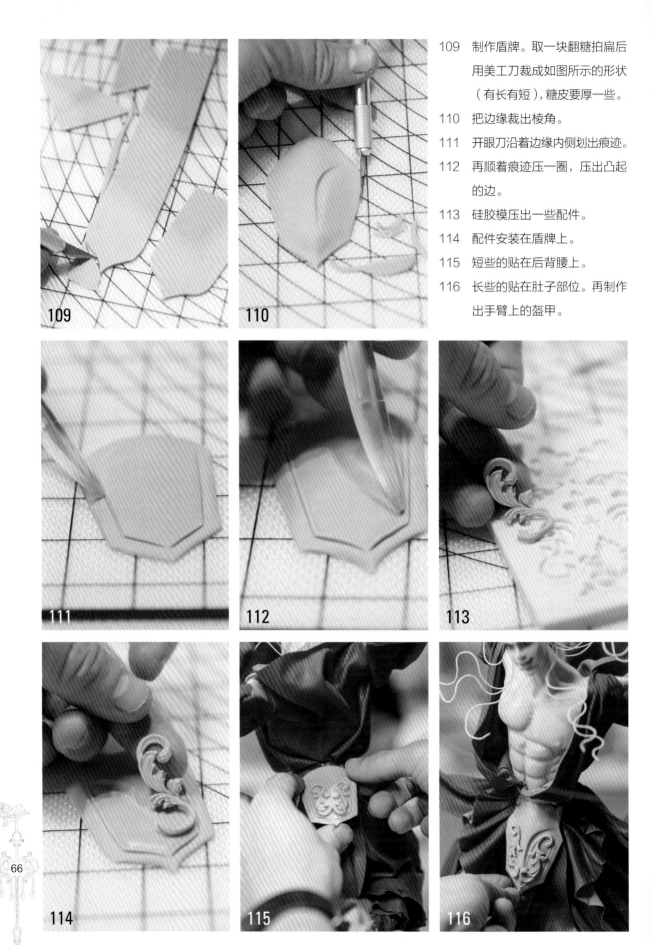

109 制作盾牌。取一块翻糖拍扁后用美工刀裁成如图所示的形状（有长有短），糖皮要厚一些。

110 把边缘裁出棱角。

111 开眼刀沿着边缘内侧划出痕迹。

112 再顺着痕迹压一圈，压出凸起的边。

113 硅胶模压出一些配件。

114 配件安装在盾牌上。

115 短些的贴在后背腰上。

116 长些的贴在肚子部位。再制作出手臂上的盔甲。

117 制作出宽一点的腰带贴好。

118 制作头发。取一块白色翻糖搓成长条后拍扁。

119 钢尺压出头发的纹理。

120 依次从后往前粘贴制作好的头发。

121 调整好头发尖部分。

122 制作耳朵。取两块相同的肉色翻糖搓成水滴状后压扁。

123 中号主刀做出耳朵里的轮廓。

124 把两个耳朵的末端捏紧后制作成一对龙耳朵。

117

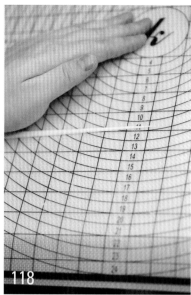

118

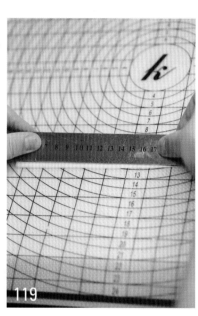

119

120

121

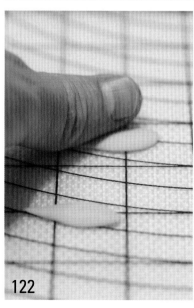

122

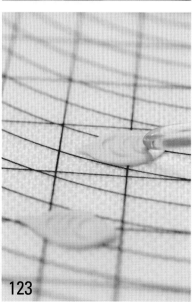

123

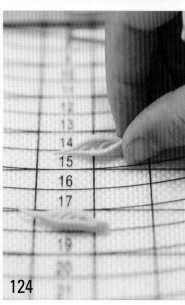

124

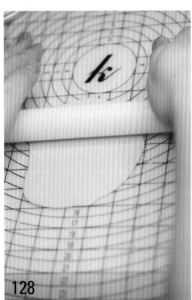

125 安装在头像上。

126 两个耳朵要对称。

127 在鬓角处贴上一小块翻糖，用开眼刀划出头发纹理。制作出龙角并安装好。

128 制作鞋底。擀一片糖皮。

129 美工刀裁出鞋底的形状。

130 在脚的底部贴上鞋底。

131 制作手。取一块肉色翻糖搓成上粗下细的条。

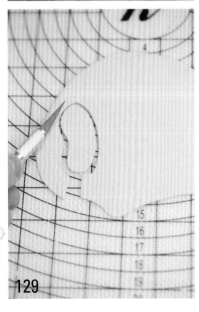

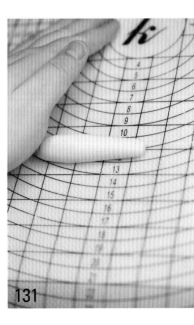

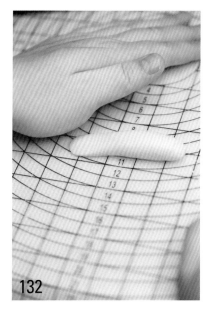

132

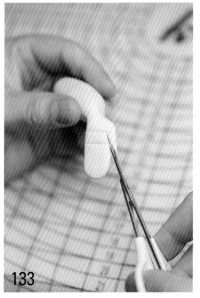

133

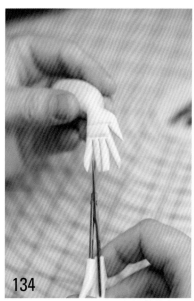

134

132　拍扁细端。

133　剪出大拇指。

134　剪出其余 4 根手指。

135　把每根手指搓圆润。

136　金属开眼刀做出指甲。

137　中号主刀做出手掌上的肌肉。

138　每个关节都要用手捏一下。

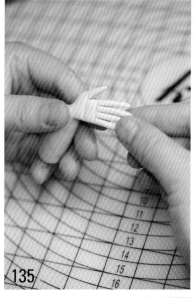

135

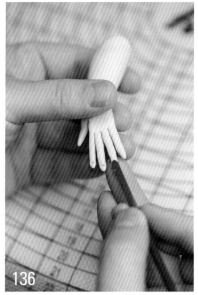

136

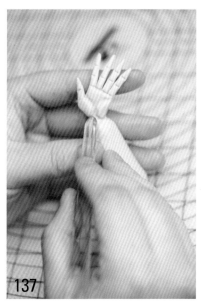

137

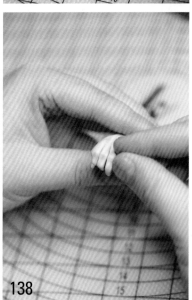

138

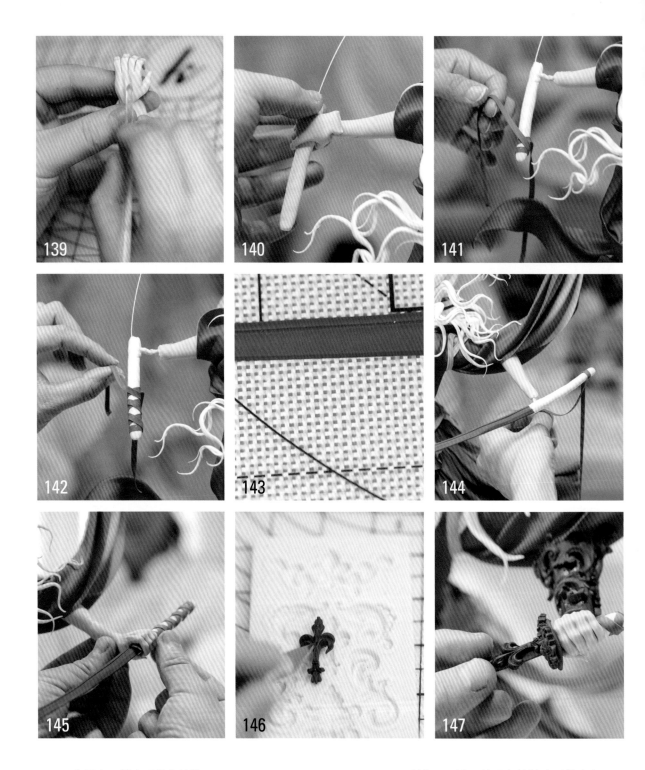

139 中号主刀做出手背上的筋。

140 制作出右手，做出握剑的姿势。将白色翻糖搓成粗
一点的条当刀把，固定在铁丝支架上。

141 将紫色糖皮交叉包裹在刀把上。

142 继续交叉包裹在刀把上。

143 制作刀。擀一片黑色的糖皮后裁窄条，压
出纹理成刀的大形，要制作两个。

144 同样的方法制作出左方的刀把，并安装好
刀。开始缠绕紫色的丝带。

145 把左手安装好，做出握刀的姿态。

146 硅胶模具压出配件。

147 在刀身的顶部贴上配件。

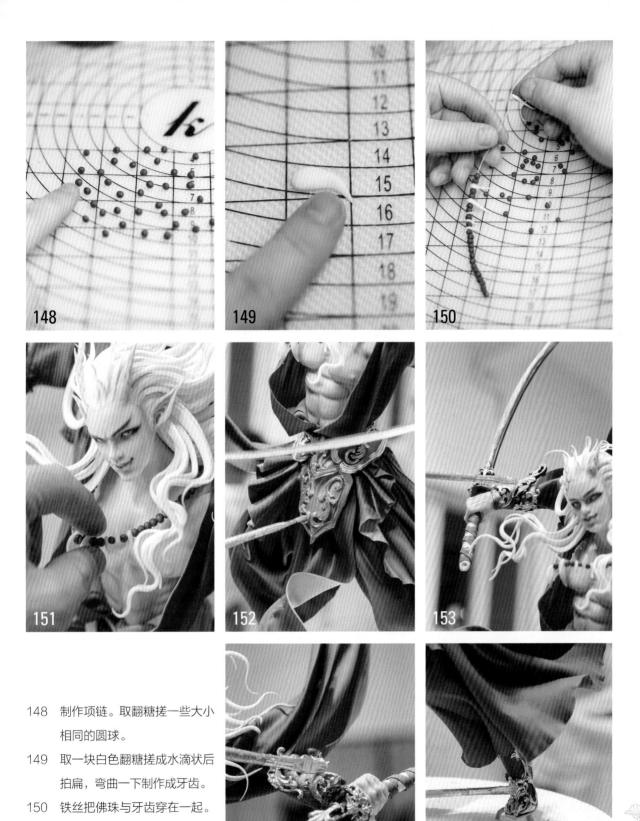

148　制作项链。取翻糖搓一些大小
　　　相同的圆球。

149　取一块白色翻糖搓成水滴状后
　　　拍扁，弯曲一下制作成牙齿。

150　铁丝把佛珠与牙齿穿在一起。

151　安装在脖子上。

152　在盔甲上刷上金粉。

153　手臂上的铠甲同样刷上金粉。

154　剑上的花纹刷上金色。

155　鞋面刷上金粉。

火
烈
鸟

 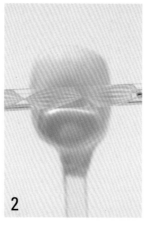 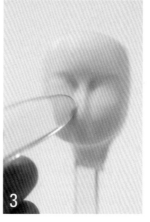 

1 取一块肉色翻糖反复折叠，揉至糖体表面光滑，捏出头型穿在针型棒上。

2 小球刀往下压出眉骨的深度。

3 大号主刀在鼻梁两侧定出鼻梁的宽度，然后向两边延伸，做出眉骨。

4 中号主刀在中庭的位置向上推起一些，定出鼻子的长度。

5 中号主刀在鼻头两侧各推一下做出鼻翼。

6 小球刀做出鼻孔。

7 开眼刀向下压出眼眶的深度。

8 小球刀定出嘴巴的宽度。

9 金属开眼刀连接两个点，并且分开上下唇。

10 小球刀做出人中。

11 中号主刀向上轻推，做出上嘴唇。

12 小球刀伸进嘴里，在上嘴唇的下方向外轻轻挑起，做出唇珠。

13　中号主刀推出下嘴唇。

14　开眼刀的小头在眼睛部位左右各压一刀，压
　　出眼眶。

15　调整两边眼眶的大小与高度。

16　在眼眶内填入白色的翻糖，用金属开眼刀
　　压平一些。

17　中号主刀向上推出下眼皮。

18　眼白不光滑的地方可以用金属开眼刀调整
　　一下。

19　贴上红色翻糖当眼珠并压平。

20　制作眼线。取黑色翻糖搓成细条。

21　搓 2 条眼线，长短粗细要一致。

22　粘贴在眼眶与眼白的夹缝间。

23　在眼珠的周围用 5 个 0 勾线笔画一圈黑色
　　轮廓线。

24　画出瞳孔。

25　点上高光。

26　画出双眼皮。

27　用稍微宽一点的排笔沾上色粉，刷在眼眶周围。

28　用5个0勾线笔画出白色眼睫毛。

29　3个0毛笔沾咖啡色色粉，画出眉毛的大形，再画出眉毛。

30　画上口红。

31　制作人物背面。取肉色翻糖搓成上粗下细的条，大号主刀压出腰部凹槽。

32　手掌拍扁翻糖。

33　安装在后背支架上固定住，大号主刀从上往下压出背脊线。

34　在背脊线的两边从上面往两边延伸做出肩胛骨。

35　制作人物正面。取肉色翻糖搓成上粗下细的条。

36　在腰的位置压出一个凹槽。

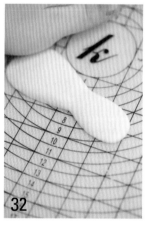

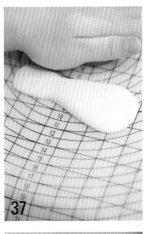

37　用手掌把翻糖拍扁。

38　粘贴在前胸的支架上。

39　把搓好的椭圆形翻糖粘贴在胸上。

40　中号主刀把胸部中间接口的部分抹平。

41　胸部下方的形状用中号主刀调整得圆滑一些。

42　制作裙子。擀一片长方形糖皮。

43　折叠糖皮的上方。

44　制作好的裙子固定在腰部。

45　中号主刀调整裙子下方的褶皱。

46　再制作一片裙子。

47　贴上裙子。

48　中号主刀调整裙子下方的褶皱。

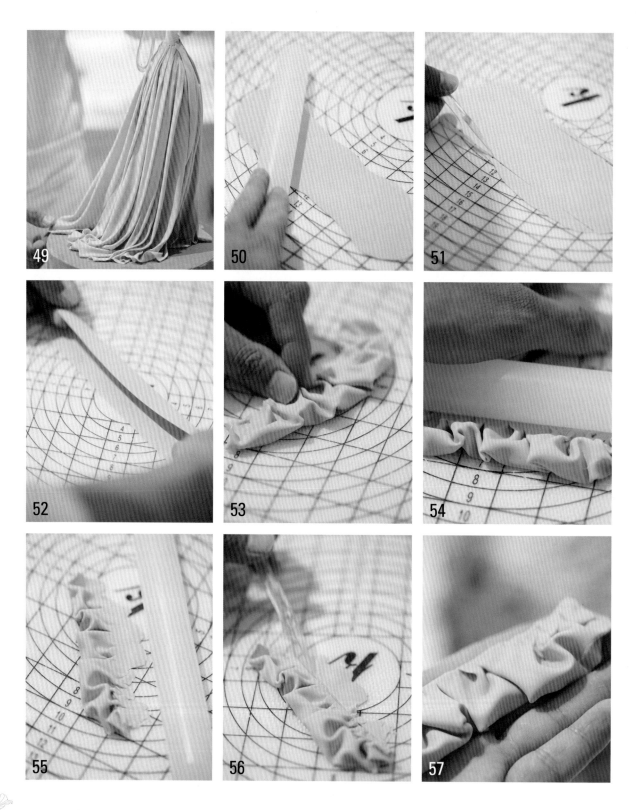

49 制作好的裙子效果图。

50 制作裙子的泡泡花边。取同色翻糖擀成糖皮。

51 切成长方形，长度要长一些。

52 对折过来。

53 通过收捏接口部分，会形成一个个鼓起来的花边。

54 用擀面杖把接口的部分统一压平。

55 压好的效果图。

56 切除多余的翻糖。

57 这里要注意的是，泡泡需要用空气撑起来，所以压的时候要小心，只压接口。

58 把制作好的花边贴在裙子上。

59 贴的时候从下往上贴。

60 制作裙子上垂落的布料。擀一片长一点的糖皮。

61 黑色碾花棒做出纹理。

62 折叠出褶皱。

63 把制作好的花边塞进裙子里，调整好角度。

64 制作上衣。擀一片糖皮后折叠出褶皱。

65 糖皮从前往后贴好后，折叠出衣服的褶皱，把多余的翻糖用美工刀切除。

66 中号主刀调整衣服上的小褶皱。

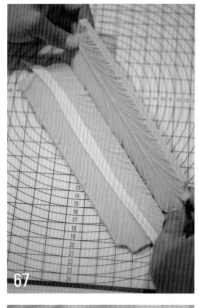

67

68

69

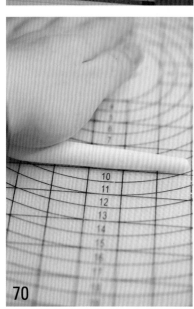

70

71

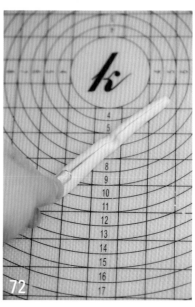

72

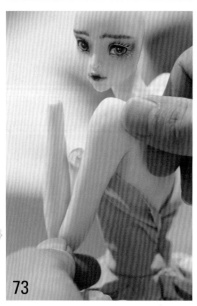

73

74

80

67 制作羽毛。取白色翻糖搓成长条后拍扁，放在羽毛硅胶模里压出纹理。

68 贴在支架上。

69 在羽毛上剪一些裂口。

70 制作胳膊。取肉色翻糖搓成上粗下细的条。

71 在整个手臂的1/2处压出凹槽。

72 美工刀从中间切开。

73 安装在手臂支架上，抹平接口部分。

74 同样的方法安装另一条手臂。

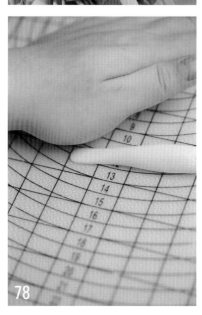

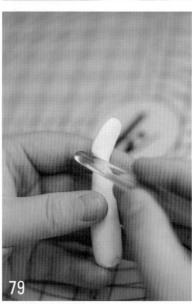

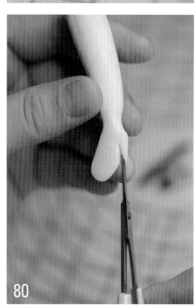

75　把手臂接口的部分涂抹平滑。

76　在背部依次安装一些羽毛。

77　制作手。取肉色翻糖搓成上粗下细的条。

78　拍扁细端。

79　中号主刀在手腕处压出凹槽。

80　剪出大拇指。

81　剪出其余 4 根手指。

82　把每根手指搓圆滑，并且搓长一点。

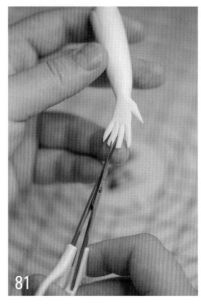

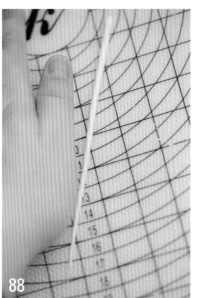

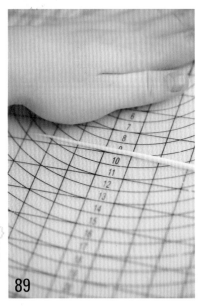

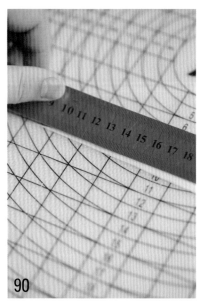

83 中号主刀做出手掌上的肌肉。

84 给每根手指做造型。

85 在手腕的下方切除多余的翻糖。

86 把制作好的手掌安装在手臂末端。

87 同样的方法安装另外一只手掌。

88 制作头发。取一块白色翻糖搓成细一点的长条。

89 用手掌拍扁。

90 钢尺压出头发的纹理。

91

92

93

94

95

96

91　用手把两侧不均匀的翻糖收在背面。

92　安装在头像的头顶。

93　依次叠加安装头发。

94　先将右边头发安装好之后，再安装左侧头发。

95　安装好头发的效果图。

96　后面的头发可以依次叠加，挡住头皮。

97　叠加后面头发的时候要注意整体的厚薄。

97

  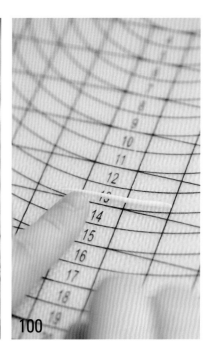

98　一直贴到不露头皮，并且两边厚薄比例合适。

99　正面右侧的头发可以适当加厚一些。

100　制作刘海。搓条细点的翻糖。

101　钢尺压出纹理。

102　两侧向后收窄。

103　缠绕在勾线笔上形成卷曲的形状。

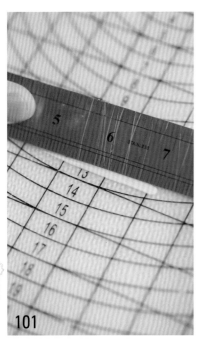  

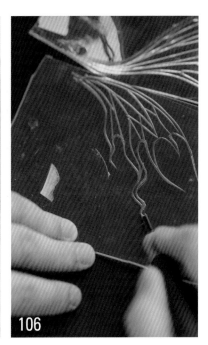

104　安装在额头，再添几绺短些的卷发。

105　三角刻刀在软玻璃上刻出翅膀的形状，线条要流畅。

106　接着刻出下边翅膀的形状。

107　把吉利丁片放入水中浸泡软化。

108　放入微波炉热化。

109　加入一点点粉色色膏。注意，色膏在碗里显得颜色比较深，倒出来抹平后，颜色就会变浅了。

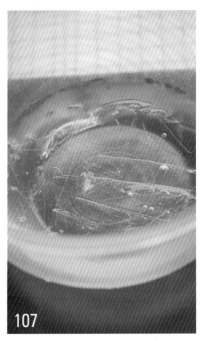

110

111

112

110　倒入刻好的软玻璃上。

111　晾干后小心取下翅膀，安装在后背上。

112　擀好的深绿色糖皮放在树叶硅胶模中压出形状。

113　把制作好的树叶贴在蛋糕底座上。

114　树叶的边缘用球型刀做出一定的弧度。

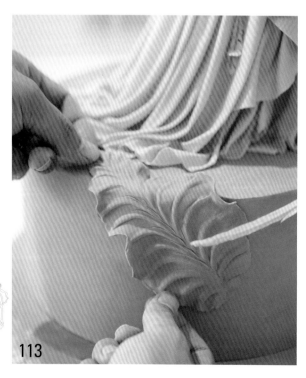

113

114

115 依次在底座上贴上树叶。

116 叠加树叶。树叶可以交叉
粘贴，需要四周都贴满。

117 刷上美甲。

118 大号排笔在脸颊两侧刷上
腮红。

115

116

117

118

萤火之光

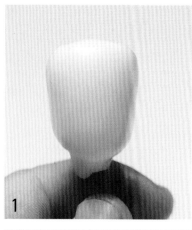

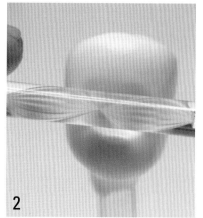

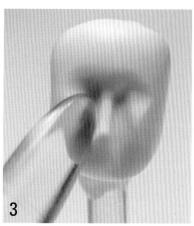

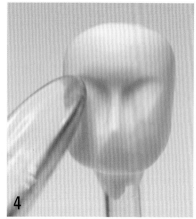

1　首先取一块翻糖揉至表面光滑，捏出头型插在针型棒上。

2　按照三庭五眼的比例压出鼻梁的深度。

3　大号主刀压出鼻子的宽窄。

4　接下来用大号主刀向两边延伸做出眉骨。

5　用手指头把脸的两侧向下压，修整平滑。

6　大号主刀定出鼻子的长度。

7　小球刀做出鼻孔和鼻翼。

8　定出嘴巴的宽度。

9　开眼刀把上下嘴唇分开。

10　开眼刀加宽上下唇之间的宽度。

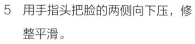

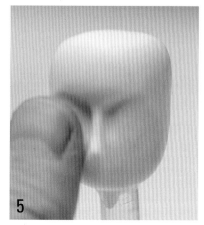

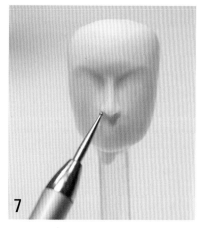

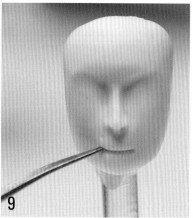

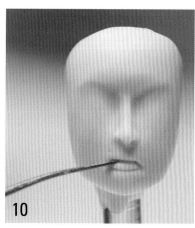

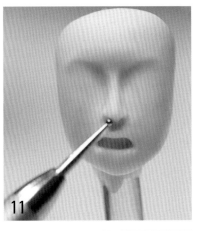

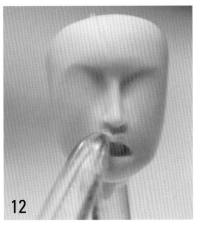

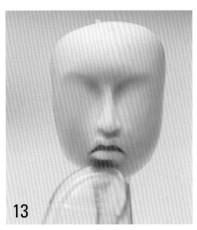

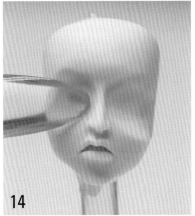

11 小球刀做出人中。

12 中号主刀向上推出嘴唇。

13 中号主刀大头向上，推出下嘴唇。

14 开眼刀向下压出眼眶的深度。

15 小球刀定出眼睛的宽度。

16 开眼刀连接定好的两个点。

17 金属开眼刀加深眼眶的深度。

18 开眼刀的弧面向上做出双眼皮。

19 开眼刀向上推出下眼皮。

20 金属开眼刀在眼眶内填入白色翻糖。

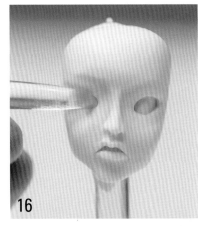

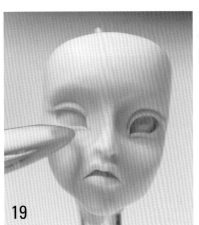

91

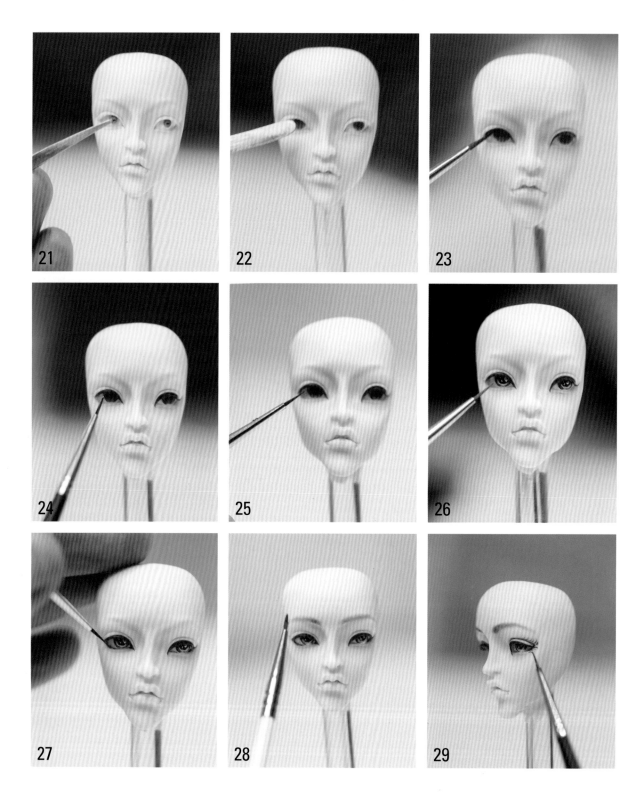

21 填入红色翻糖当作眼珠。

22 金属开眼刀把眼珠压平整。

23 贴上黑色的上眼线。

24 在眼珠的边缘用 5 个 0 勾线笔画一圈黑色轮廓。

25 画出瞳孔。

26 画出高光部分。

27 画出下眼线。

28 3 个 0 勾线笔沾上咖啡色色粉画出眉毛的大形。

29 5 个 0 勾线笔画出眼睫毛。

30 画出眉毛。

31 画出另外一边的眉毛。

32 3个0勾线笔给双眼皮和眼角部分上眼影。

33 给嘴唇上色。

34 嘴唇之间上深色。

35 给嘴唇涂上亮油，使嘴唇看起来更加生动。

36 把制作好的头部安装在事先制作好的支架上。

37 制作人物背面。取一块肤色翻糖搓成上粗下细的条，将腰部捏出凹陷，拍扁后粘在支架上。

38 制作人物正面。同样的方法制作出正面的翻糖并粘好。

39 另外取两块翻糖搓成椭圆形贴在前胸。

40 把胸部与身体的接缝衔接好。

41 制作脖子。取一块翻糖裹住脖子部分的支架。

42 脖子捏到适合的粗细程度，然后把接口压平。

43 制作胳膊。取肉色翻糖搓成上粗下细的长条，将手肘处捏细一些。

44 美工刀将翻糖切开口子。

45 打胶后安装在手臂支架上。

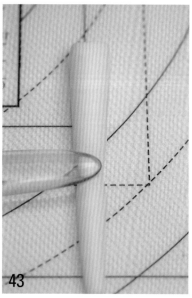

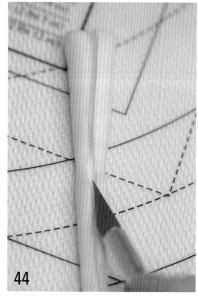

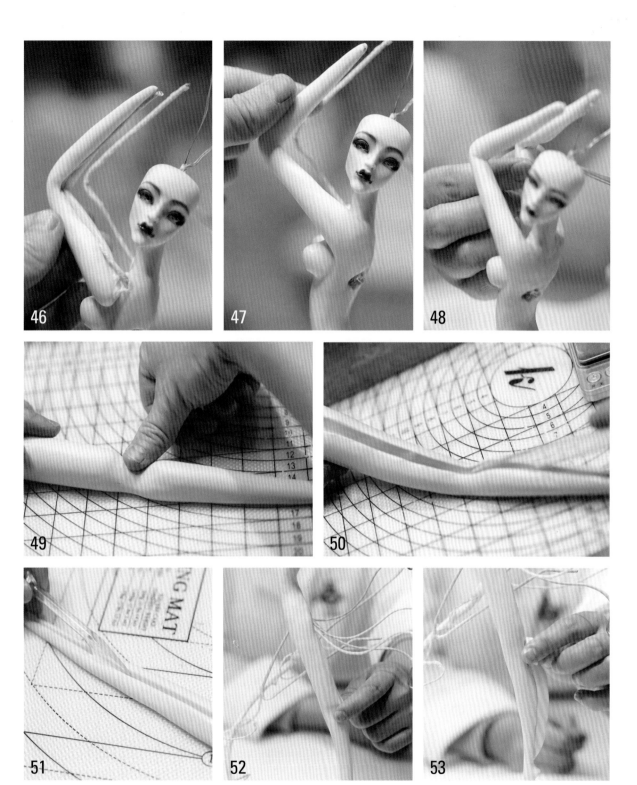

46　安装的时候从下往上安装，接口朝上。

47　抹平接口，使手臂光滑一些。

48　同样的方法安装另外一条手臂。

49　制作腿。取肉色翻糖搓成上粗下细的长条（注意
　　操作桌面要卫生，不能有杂物），在中部按压出

凹陷处。

50　将粗坯切开（注意下刀深度）。

51　制作另一条腿。

52　安装在腿部支架上。

53　捏出腿的大形，把多余的翻糖捏出来。

54

55

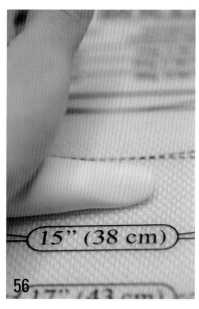

56

57

58

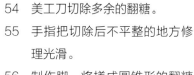

54　美工刀切除多余的翻糖。

55　手指把切除后不平整的地方修
理光滑。

56　制作脚。将搓成圆锥形的翻糖
压扁，越往前端越薄。

57　在脚的前端捏出斜度最大的部
分，作为大脚趾。

58　将脚和小腿连接，用中号主刀
在脚的最前端压出两条凹陷处，
凸出的部分为指关节。

59　金属开眼刀分出脚趾。

60　做出脚踝。

61　金属开眼刀做出脚指甲。

59

60

61

62 压出脚趾之间的深度。

63 做好一条腿的效果。

64 安装之前做好的另外一条腿。

65 开眼刀把大腿与小腿夹缝的部分修理平整。

66 另取一块翻糖贴在臀部的位置。

67 抹平翻糖并且修理光滑。

68 制作裹胸。取一块咖啡色的柔瓷干佩斯擀成糖皮后折叠。

69 折叠好后贴在胸口处。

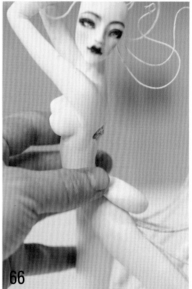

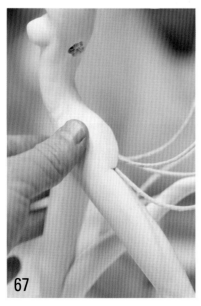

70　准备折叠衣服下方的部分。

71　折叠好后贴在身体上固定住。

72　另取一块糖皮折叠好后贴在
　　背部。

73　开眼刀把腰上的糖皮压深一些，
　　要显出腰比较细。

74　制作裙子。准备一块稍大一点
　　的糖皮折叠好。

75　贴在腰上，并且糖皮的下方搭在
　　铁丝上后用中号主刀做出褶皱。

76　同样的方法安装身后的裙子。

77　再安装前面的裙子。

78 用手拉扯出褶皱。

79 大号主刀理顺裙子的褶皱。

80 中号主刀理顺裙子上方的小
   褶皱。

81 手指把大褶皱的部分理顺。

82 用手捏出裙子更多的褶皱。

83 在胸部两侧安装制作好的蕾
   丝边。

84 安装更多的蕾丝边。

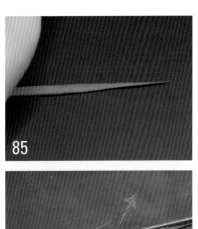

85　制作头发。取赭石色翻糖搓长条。

86　给头发压出发纹（注意发纹的密度）。

87　头发一端安装在头上，其余的部分搭在铁丝上。

88　依次安装更多的头发。

89　安装前面的头发。

90　制作手。取肉色翻糖搓成上粗下细的条。

91　将细端拍扁。

92　定出手腕（注意手掌的长度）。

93　定出手掌和手指的比例。

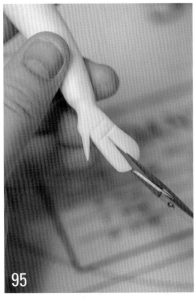

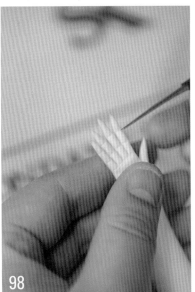

94 剪出大拇指。

95 分出手指中缝。

96 分出 4 根手指。

97 将手指搓圆。

98 压出指节。

99 将手指调整好造型。

100 安装在手臂上。

101 将接口部分抹平。

102　同样的方法制作并组装另外一只手。

103　给裙子的阴影部分刷上色粉。

104　有些阴影部分要加深。

105　给头发缝隙部分刷上阴影，有的部分要加深。

106　喷枪在裙子的边缘喷上红色。

107　头发的末端也喷上红色。

108　制作翅膀。画出翅膀大形。

109 用 V 型锉刀在软玻璃上刻出翅膀造型。

110 将鱼胶片打化后倒在软玻璃上。

111 将干燥定型的翅膀组装到后背。

112 在脸上画出一些斑点。

113 制作带刺的树枝。取黑色翻糖搓尖后用切刀切出尖刺。

114 安装在包好黑色糖皮的支架上。

115 在衣服上喷珠光色。

西游

1 取肉色翻糖反复折叠使表面光滑后，捏出头型，固定在针型棒上。

2 小球刀压出眉骨的深度。

3 大拇指把眉骨比较锋利的地方抹圆滑，并且把额头压低一些。

4 大号主刀在鼻梁两侧定出鼻梁的宽度。大拇指把脸颊两侧凸起来的部分按低一些。

5 中号主刀在中庭的部分向上推起，定出鼻子的长度。

6 中号主刀在中庭的位置推出鼻尖。

7 小球刀点出鼻孔。

8 开眼刀的弧面把两侧脸颊按压平滑。

9 大号主刀在眉骨与鼻尖距离的 1/2 处向外延伸压出眼包。

10 小球刀定出眼睛的宽度。

11 开眼刀的平面朝上，连接两个点。

12 中号主刀向上推起做出下眼皮。

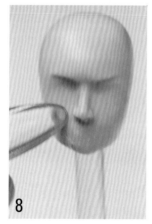

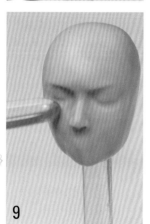

13　小球刀定出嘴巴的宽度。

14　大号主刀向下挤压眉骨，使眉骨更明显一些。

15　金属开眼刀连接两个点并且分开上下唇。

16　小球刀做出人中。

17　中号主刀向上推出上嘴唇。

18　中号主刀在下巴的上方，向上推出下嘴唇。

19　小球刀点出嘴角。

20　制作眼线。将黑色翻糖搓成细条。

21　小毛笔把细条粘贴在眼睛的夹缝中。

22　用 3 个 0 勾线笔沾上咖啡色色粉后刷出眉毛的
　　大形。

23　用 5 个 0 勾线笔画出眉毛。

24　在眉毛中间往两边延伸刷上黑色色粉，越往两边
　　颜色越浅。

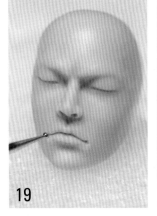 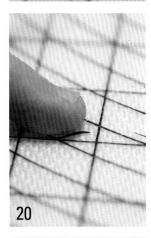

25 在眉头中间刷上阴影，形成皱眉的感觉。

26 给嘴唇刷上色粉。

27 把制作好的头像安装在支架上。

28 制作人物背面。取一块翻糖搓成上粗下细的条。

29 手指在腰部滚压出凹槽。

30 手掌把翻糖整体拍平一些。

31 安装在后背支架上。

32 把肩膀上的翻糖往前粘好。

33 把两侧腰上的翻糖同样往前收，腰的位置要细一些。

34 大号主刀从上往下压出背脊线。

35 做出肩胛骨上的肌肉与腰部肌肉。

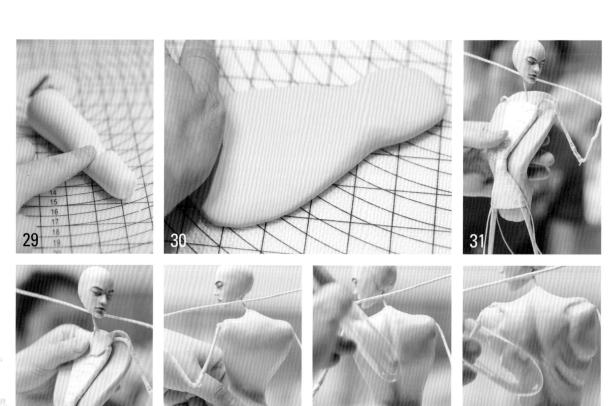

36

37

38

39

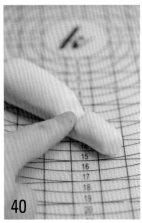
40

36 大号主刀往下延伸，分出左右臀部。

37 大号主刀加深一侧的肌肉。

38 再加深另一侧肌肉。

39 制作人物正面。搓一个上粗下细的条。

40 用手指在腰部的位置滚压出凹槽。

41 把翻糖整体拍扁。

42 大号排笔给翻糖刷上胶水。

43 腰的位置要捏窄后才可以安装。

44 安装在支架上。大号主刀在胸的下方压出凹槽。

45 大号主刀在胸肌两侧向上延伸，做出腋下。

46 中号主刀在胸肌中间压出凹槽，分出左右胸肌。

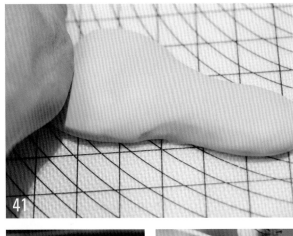
41

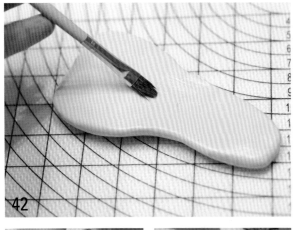
42

43

44

45

46

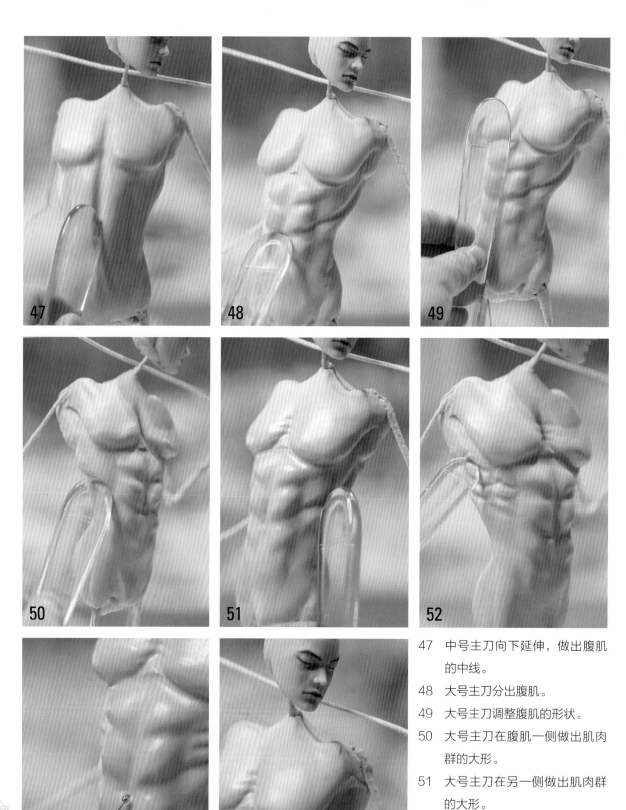

47 中号主刀向下延伸，做出腹肌
   的中线。

48 大号主刀分出腹肌。

49 大号主刀调整腹肌的形状。

50 大号主刀在腹肌一侧做出肌肉
   群的大形。

51 大号主刀在另一侧做出肌肉群
   的大形。

52 换中号主刀在肌肉群大形上分
   出小肌肉。

53 小球刀做出肚脐。

54 大号主刀加深腋下，使肌肉更
   明显一些。

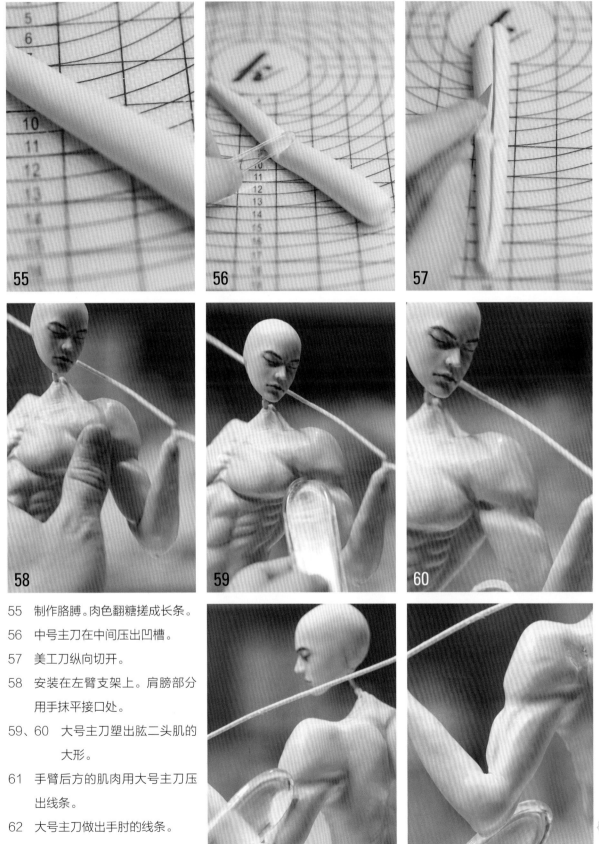

55 制作胳膊。肉色翻糖搓成长条。

56 中号主刀在中间压出凹槽。

57 美工刀纵向切开。

58 安装在左臂支架上。肩膀部分
　　用手抹平接口处。

59、60 大号主刀塑出肱二头肌的
　　　　大形。

61 手臂后方的肌肉用大号主刀压
　　出线条。

62 大号主刀做出手肘的线条。

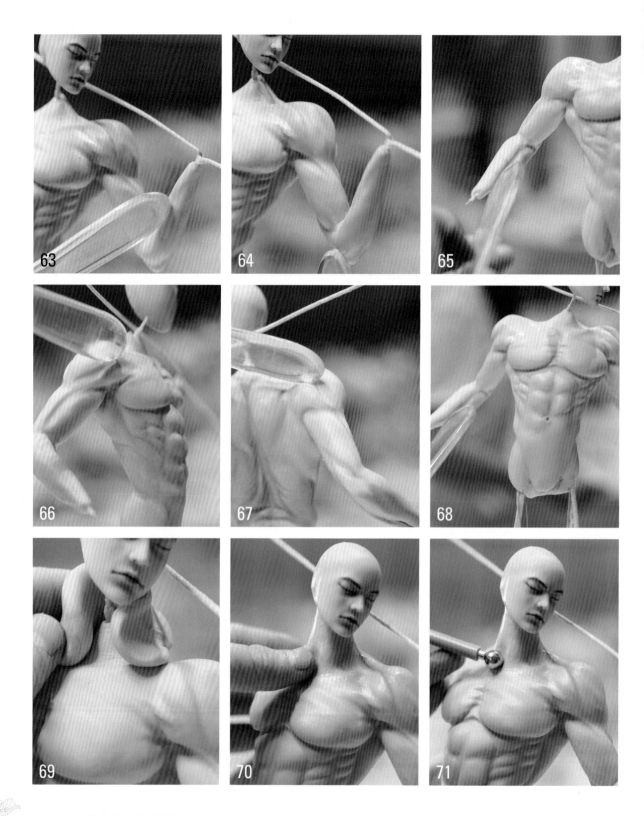

63、64　做出小臂上的线条。

65　同样的方法做出右臂。左右臂由于姿势不同，肌肉表现形式也不同。做出小臂上的肌肉线条。

66　加深手臂上的肌肉线条。

67　加深后部手臂上的线条。

68　延伸小臂内侧的肌肉线条。

69　制作脖子。取一块翻糖拍扁后粘贴在脖子支架上。

70　抹平接口处。

71　大球刀在锁骨中间压出凹槽。

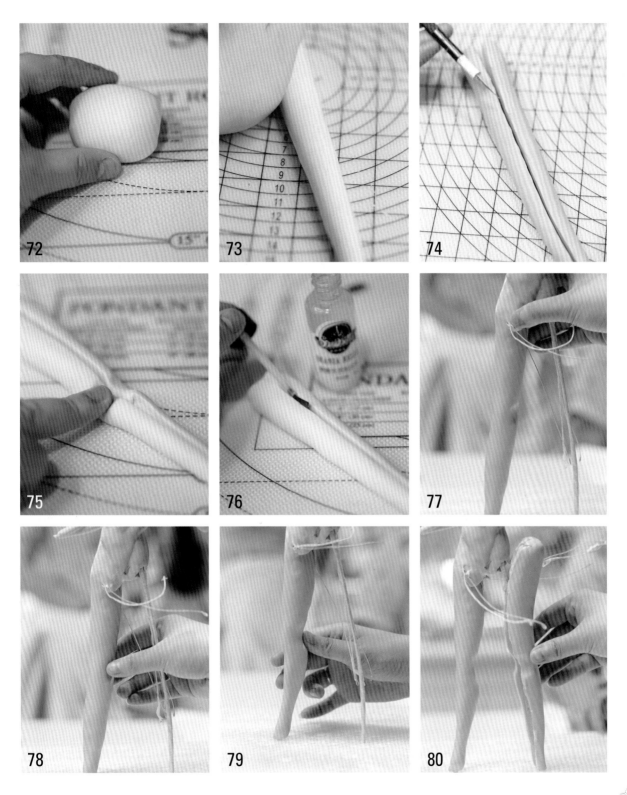

72 制作腿。取翻糖揉均匀一些。	77 安装在腿部支架上。
73 搓成上粗下细的条。	78 用手指把膝盖处捏窄。
74 美工刀从中间切开。	79 抹平小腿后方的翻糖。
75 手指在翻糖的 1/2 处压出凹槽。	80 安装另外一条腿。
76 在缝隙里刷上胶水。	

113

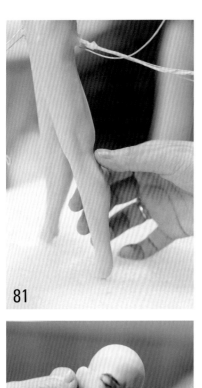
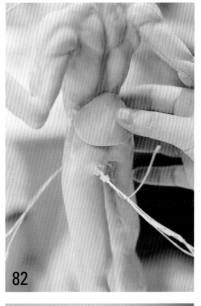
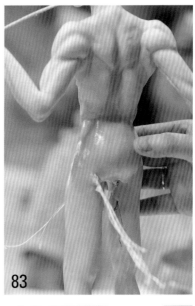

81　抹平小腿后面的接口部分。

82　制作臀部。取一块翻糖拍扁后粘在臀部。

83　抹平臀部的翻糖。

84　制作耳朵。取翻糖搓成水滴状，粘贴在头部两侧。

85　中号主刀先做出外耳轮。

86　小球刀点出上耳洞。

87　做出下耳洞与耳洞上方的小肌肉块。

88 制作裤子。擀一块稍大一点的糖皮。

89 折叠糖皮的上端。

90 粘贴在腰部右侧。

91 粘贴好的效果图。

92 把糖皮下方向内侧卷曲后粘在膝盖下方，形成纹理。

93 制作好的裤子背后效果图。

94 大号主刀梳理裤子上的褶皱。

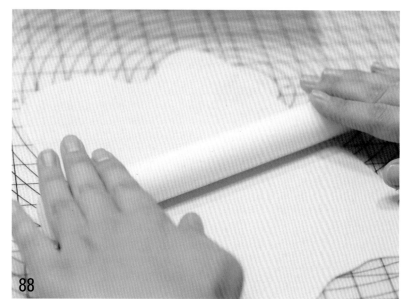

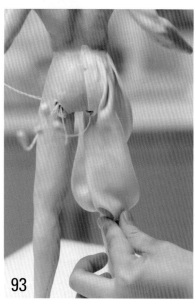

95　中号主刀梳理裤子的褶皱。

96　再制作左腿的裤子。折叠好糖皮。

97　粘在左侧。

98　拉扯裤腿下边，包裹好腿部。

99　折叠出裤子后方的褶皱。

100　下方也向内侧翻卷，粘在膝盖下方。

101　大号主刀梳理裤子上的褶皱，使其更加流畅。

102　大号主刀向内挤压出裤子下端的挤压褶。

103

104

105

106

107

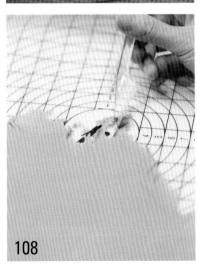

108

109

110

103　制作好的裤子整体效果图。

104　取一块翻糖包裹在武器支架上。

105　从硅胶模中取出压好的配件。

106　美工刀剔除配件上多余的翻糖。

107　贴在武器的两头，并喷上金粉。

108　制作裤子外面的裙子。将擀好的糖皮用塑料切　　　刀刮出毛边。

109　折叠糖皮的上方。

110　粘贴在后腰上。

111

112

113

114

115

111 将下面的糖皮搭在支架上，形成飘感。

112 中号主刀梳理褶皱。

113 再做出一片带毛边的裙子。

114 折叠糖皮。

115 粘贴在腰部的右前方。

116 擀一片红色糖皮。

117 刮出毛边。

118 折叠好糖皮的上方。

116

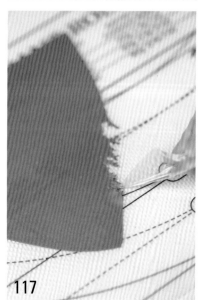

117

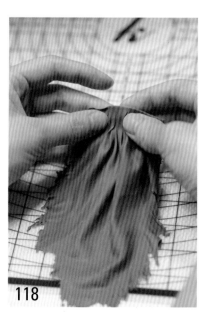

118

119

120

121

119 把上方的翻糖用擀面杖压平。

120 切除多余的翻糖。

121 粘贴在后方及两侧。

122 拿起一侧折叠出褶皱。

123 制作腰带。将红色翻糖搓条。

124 在麻绳硅胶模里做出一条麻绳。

125 粘贴在腰间。

126 再制作一条麻绳，折叠压出蝴蝶结。

122

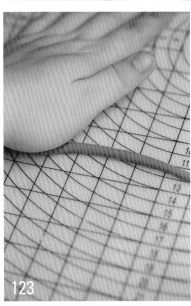

123

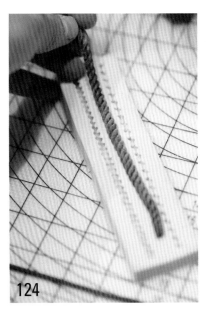

124

125

126

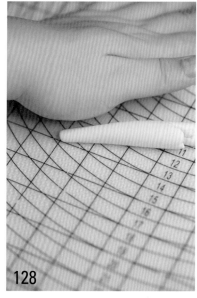

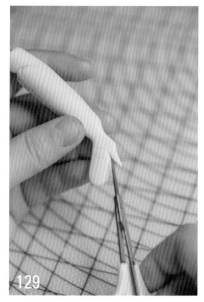

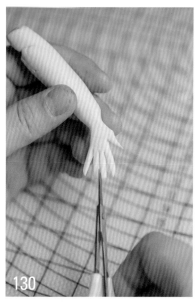

127　粘贴在腰中间。

128　制作手。肉色翻糖搓成上粗下细的条，细端按扁。

129　剪出大拇指。

130　剪出其他 4 根手指。

131　中号主刀压出手掌上的肌肉。

132　调整手指的角度。

133　安装在手臂支架上。

134　安装另外一只手掌。

135

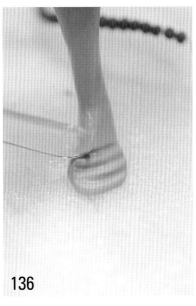

136

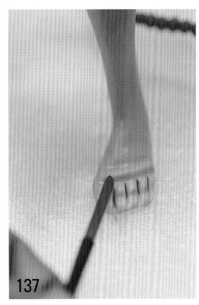

137

135 制作脚。取一块翻糖搓成椭圆形粘在小腿末端。

136 拍扁一点，用中号主刀压出 3 条凹槽。

137 金属开眼刀分出 5 根脚趾。

138 金属开眼刀做出脚指甲。

139 中号主刀塑出脚背上的筋络。

140 另取两块翻糖做出脚踝。

141 中号主刀做出脚后跟上方的筋。

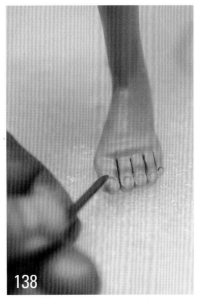

138

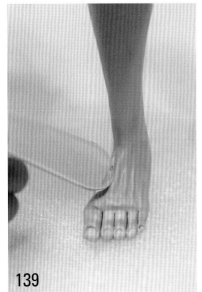

139

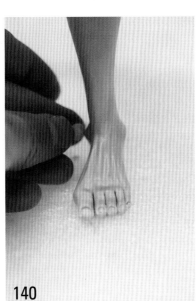

140

141

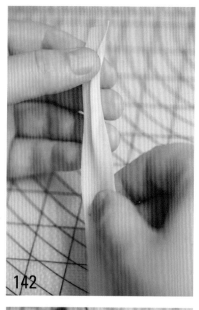

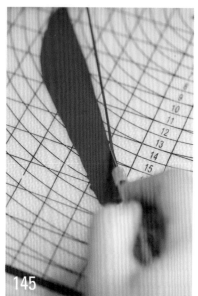

142　制作绑腿。擀一片糖皮后折叠一下。

143　缠绕在小腿上。

144　另一只腿也缠上。

145　擀一片黑色糖皮后切出细条。

146　缠绕在小腿上。

147　制作绑腕。将擀好的糖皮缠绕在小臂上。

148　大号毛刷在锁骨处刷上阴影。

149 腋下也要刷上阴影部分。

150 在裤子夹缝中刷上阴影。

151 在衣服的夹缝里刷上阴影。

152 在头顶贴上糖块，然后给头顶喷上阴影，这样能避免喷到脸上。
喷好后将糖块取下。

153 搓一些佛珠，用铁丝穿成项链。

154 安装在脖子上。

155 安装上另外一条佛珠项链。

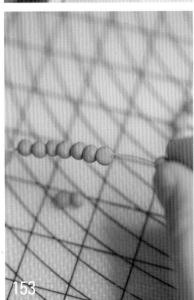

魔
法
书

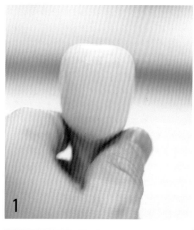

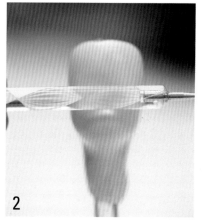

1 取肉色翻糖反复折叠后揉至表面光滑，固定在针型棒上。

2 压出眉骨的深度。

3 大号主刀在鼻梁的两侧压出鼻梁的宽度，并且向两边延伸做出眉骨。

4 小球刀做出鼻孔。

5 开眼刀的弧面朝上做出双眼皮。

6 开眼刀把双眼皮稍微向上抬起一些。

7 金属开眼刀把眼眶内的翻糖压低一些。

8 开眼刀的平面朝上，向上推出下眼皮。

9 小球刀定出嘴的宽度，再用金属开眼刀连接两个点，并且分开上下唇。

10 开眼刀的弧面朝上，推出上嘴唇的弧度。

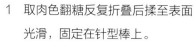

126

11

12

13

14

11 小球刀做出人中。

12 在嘴里填入一块白色翻糖。

13 中号主刀向上推做出下嘴唇。

14 在下嘴唇的两边各压一刀，收在嘴角处。

15 小球刀点出嘴角。

16 金属开眼刀在眼眶内填入白色翻糖当眼白。

17 再填入一小块蓝色翻糖制作眼珠。

18 制作眼线。取黑色翻糖搓成细条。

19 同时搓2条，确保大小一致，粘在眼白和上眼皮之间。

20 3个0勾线笔沾上咖啡色色粉刷出眉毛的大形，然后画出眉毛。

15

16

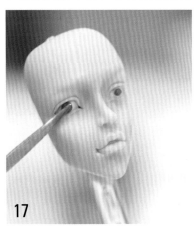

17

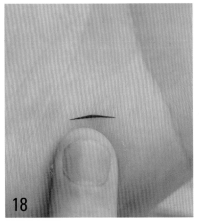

18

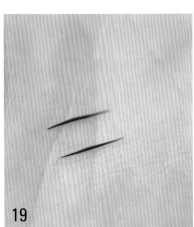

19

20

21 5个0勾线笔画出下眼线。

22 在眼珠的周围画一圈黑色轮廓线，然后画出瞳孔。

23 画上高光与眼睫毛，要注意眼睫毛是弧形的，不是直线。

24 画出淡淡的唇线。

25 在嘴唇上刷一层稍微浅点的颜色，在嘴巴内侧夹缝处加深形成渐变效果。

26 在眼角处刷上咖啡色眼影。

27 在双眼皮靠近鼻子的一端刷上粉色眼影。

28 在嘴唇上刷上亮油，头部就完成了。

29 制作人物正面。取一块肉色翻糖搓成条。

30 拍扁贴在前胸的支架上。

31 针型棒在前胸的中间位置压出凹槽。

32 制作腿。取一块翻糖搓成上粗下细的长条。

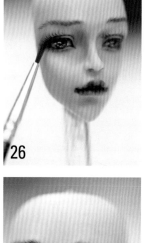

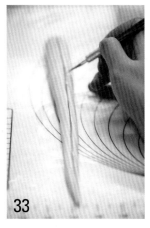

33

34

35

36

37

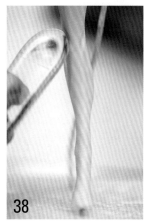

38

39

40

33 美工刀从背后切开。

34 安装在腿部支架上。

35 固定好腿与腰的连接处，捏出小腿肌肉的线条。

36 美工刀从小腿后方把多余的翻糖切除。

37 切好后会有一些毛边，需要用手抹平，然后用大号
主刀做出膝盖后方的肌肉。

38 大号主刀做出膝盖。

39 膝盖骨上下关节分开，使膝盖更加逼真。

40 制作并安装另一条腿。

41 捏出小腿肌肉，切除多余翻糖后抹平，做出腿后方
的肌肉。

42 制作出左腿膝盖，并使左右膝盖基本保持一致。

43 大号主刀做出脚踝。

44 制作脖子。取翻糖搓条拍扁，围绕支架从前往后安
装上去，抹平接口。

41

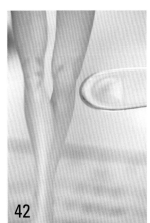

42

43

44

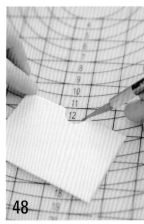

45 针型棒压出锁骨中间的凹陷处。

46 大号主刀做出脖筋。

47 顺势从下往上推出锁骨。

48 制作上衣。取白色翻糖擀成厚一点的糖皮后裁出
领口。

49 粘贴在身体上。

50 中号主刀定出衣服的纹理走向。

51 做出衣服的褶皱，衣服的褶皱形状有点像字母Y，
仔细观察图片，基本都是Y形和颠倒的Y形。

52 衣服两侧的衣纹延伸至领口。

53 制作大的衣纹，同样会夹杂一些小衣纹。

54 制作好的衣纹可以用开眼刀加深纹理，使其看起
来更立体一些。

55 另取一块糖皮贴在后背上。

56 中号主刀定出后背的衣纹走向。

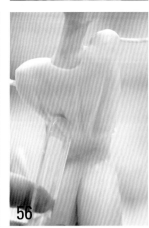

57　在大衣纹的两边制作一些小的衣纹，同样也是Y形。

58　后背的衣物用大号主刀加深衣纹。

59　制作鞋袜。将咖啡色翻糖放在皮革模具上压出纹理。

60　将白色翻糖放在毛衣模具上压出纹理。

61　给脚面与小腿包裹一片白色糖皮。

62　把从毛衣模具中取下来的窄糖条贴在袜子上端当罗口，然后贴上咖啡色糖皮当鞋子。

63　再贴上鞋子的后半部分。

64　美工刀在鞋底的位置切除多余的翻糖。

65　开眼刀的平面朝上，在鞋子前面 1/2 的位置横切一刀，分出鞋舌与鞋面。

66　小球刀在鞋舌两侧各压出 3 个点。

67　另取一块深色翻糖压扁制作出鞋底的形状。

68　安装在鞋底。

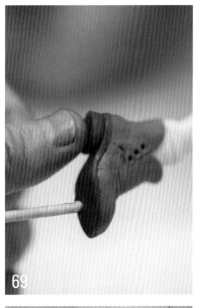

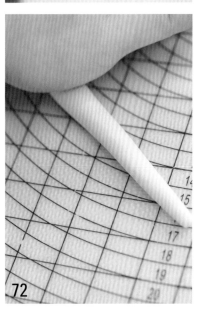

69 在鞋底的后方安装一个鞋跟。

70 取一块黑色翻糖搓成细长条后，来回折叠出小蝴蝶结。

71 安装在鞋子上，制作出鞋带。

72 制作胳膊。肉色翻糖搓成上粗下细的条，中间压出凹槽。

73 美工刀从中间切开。

74 安装在手臂支架上。

75 制作袖子。将白色翻糖擀成厚一点的糖皮，粘贴在手臂上。

76 中号主刀压出袖子下方的衣纹。

77 做出袖子后方的衣纹。

78 制作出左臂，同样贴上袖子。

79 贴好后抹平袖子与衣服的接口。

80 中号主刀做出袖子上的褶皱。

81 在制作褶皱的时候要特别注意：纹理要顺畅，另外糖皮要稍微厚一些。

82 制作裙子。擀一片大一点的糖皮并折叠，形成褶皱。

76

77

78

79

80

81

82

83

84

85

86

83　固定在腰部靠下一点点的位置，其余部分搭在支架上。

84　同样的方法依次贴上第二片与第三片。在连接的时候糖皮的竖边边缘
　　需要向内侧卷一下，这样贴上去后是看不到接口的。

85　在右侧贴上第四片，边缘同样需要向内侧卷一下。

86　第四片糖皮边缘部分连接在第一片糖皮上。

87　另取一片稍大一点的糖皮折叠后贴在后方。

88　制作好的裙子效果图。

89　中号主刀调整裙子的褶皱。

87

88

89

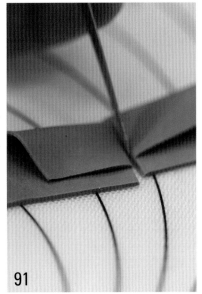

90 调整一些凸起来的褶皱。

91 制作领子。取和裙子同颜色的糖皮裁成梯形，上下对折后从中间切开。

92 分别贴在领口的两边。

93 衣领的后方粘好。

94 制作头发。咖啡色翻糖搓成长条。

95 用手指拍扁。

96 钢尺压出头发纹理。

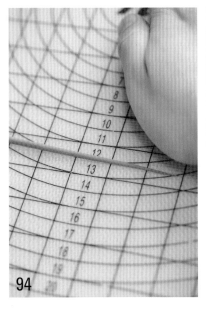

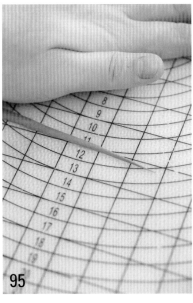

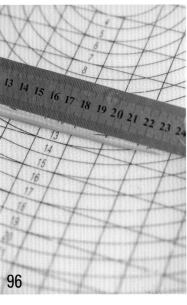

97　缠绕在勾线笔上形成卷曲的形状。

98　贴在头顶上。

99　依次贴上更多的头发。

100　先把后脑勺的头发贴满，不能露出头皮。

101　后面的头发贴好后再从两侧向前贴，并且在飘起来的支架上也贴上头发。

102　两边同时往前贴头发。

103　制作书。取一片厚的糖皮，用刀在四周压出线条。

104　在毛衣模具上压出一条咖啡色糖条备用。

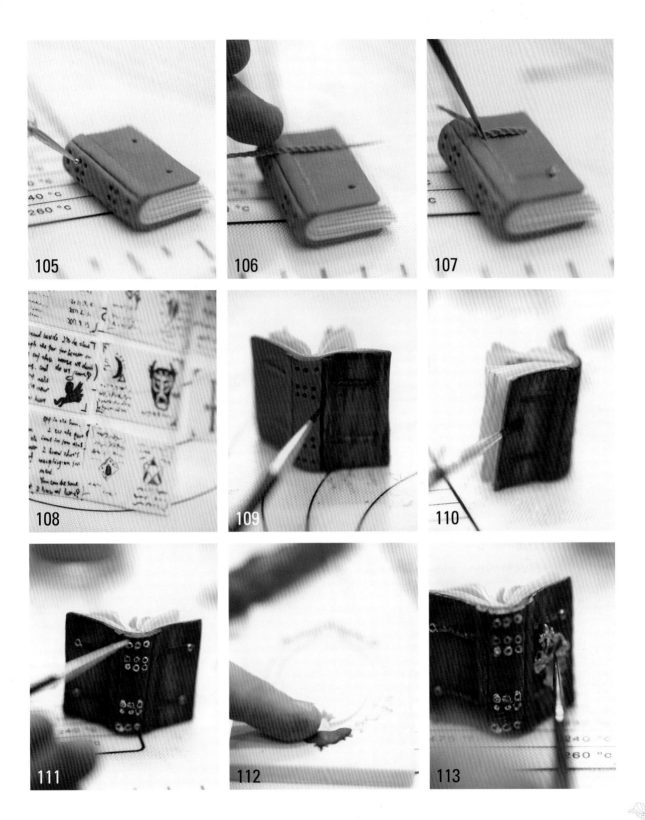

105 擀一片糖皮并弯曲后制作书的封面，小球刀做
出书的凹陷处。

106 在封面上贴上压好纹理的糖条。

107 切除多余的翻糖。

108 制作好的书页展示。

109 在书的外壳刷上不规则的熟褐色。

110 沾上色粉刷上一些做旧的痕迹。

111 在每个书孔上刷金色。

112 硅胶模压出一个小配件。

113 把制作好的小配件安装在封面上并且刷金色。

114 制作好的书页上同样刷上色粉做旧，并且折叠出书页翻开的形状。

115 书背面效果图。

116 书正面效果图。

117 书页翻卷起来的效果图。

118 制作手。取一块肉色翻糖搓成上粗下细的条。

119 把细端拍扁。

120 剪出大拇指。

121 剪出其余4根手指。

122 把手指搓圆滑并且拉长一些。

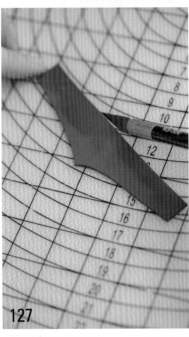

123　中号主刀做出手掌上的肌肉。

124　调整手指的形状。

125　安装制作好的手掌。

126　刷上红色做美甲。

127　制作腰带。裁一片如图所示形状的糖皮。

128　上方边缘向内卷后贴在腰上。

129　在头发缝隙处刷上色粉做一个阴影渐变色。

130　在裙子缝隙处刷上色粉做出阴影。

131

132

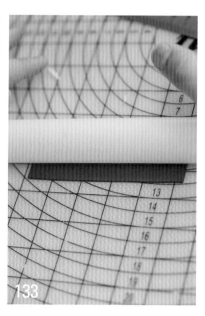

133

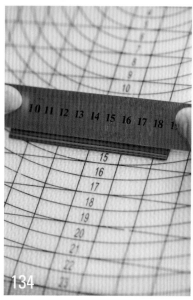

134

131 给衣服的缝隙处刷上阴影。

132 安装制作好的书。

133 制作袖口边。擀一片糖皮。

134 钢尺压出纹理。

135 切成条状。

136 贴在袖口处。

137 金属开眼刀折叠出蝴蝶结。

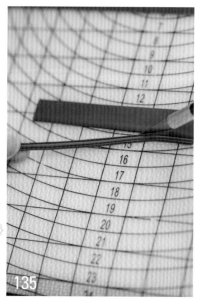

135

136

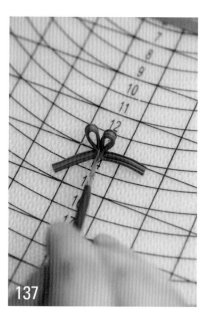

137

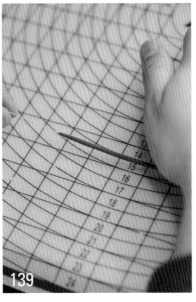

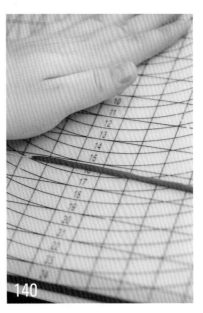

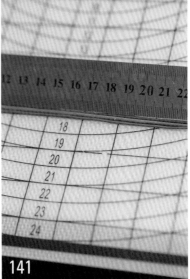

138　把制作好的小蝴蝶结安装在袖口的下方。

139　制作飘带。取一块翻糖包裹住铁丝后搓成条。

140　拍扁翻糖。

141　钢尺压出纹理。

142　调整飘带的形状。

143　安装在领口。

144　在后背安装上用稍微厚点的糖皮制作的蝴蝶结。

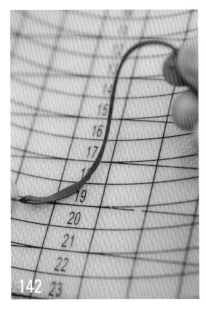

白凝残月

古暮

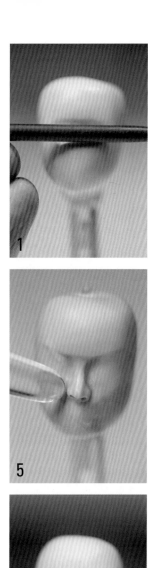

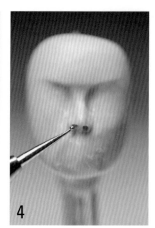

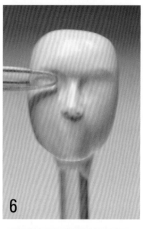

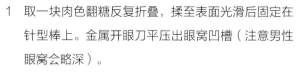

1　取一块肉色翻糖反复折叠，揉至表面光滑后固定在针型棒上。金属开眼刀平压出眼窝凹槽（注意男性眼窝会略深）。

2　大号主刀点压出鼻梁位置，注意预留鼻梁宽度且保持左右对称。

3　找到中庭位置点压出鼻翼大形。

4　小球刀点出鼻孔。

5　开眼刀的斜面点压鼻翼下方凸出的鼻头。

6　开眼刀的小头下压眼窝，突出眉骨，男性的眉骨比女性更高。

7　小球刀定出眼睛宽度（注意眼睛的高低）。

8　开眼刀划出眼睛轮廓（男性眼睛偏小且眼窝较深）。

9　切出双眼皮。注意两眼大小和形状要一致。

10　定出嘴巴位置后切出嘴缝（要有一定深度）。

11　大号主刀从下往上，推出上嘴唇。

12　小球刀加深人中。

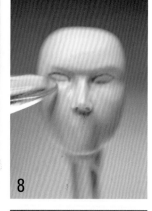

144

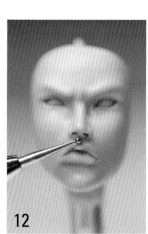

13 从下往上推出下嘴唇（注意嘴唇厚薄）。

14 大号主刀将额头整体下压，进一步突出眉骨。

15 头像侧脸展示。压出面部和头部的分隔线。

16 填入白色翻糖当眼白并压平压实。

17 填入黄色翻糖当眼珠并压平压实，先对比好大小，
并确定位置。

18 画出眼线，注意两端带尖且长短要合适。

19 用5个0勾线笔勾画出眼球的轮廓并点出瞳孔。

20 画出眼睛里白色的高光。

21 3个0勾线笔沾少许奶咖色色粉均匀扫出眉形。

22 用5个0勾线笔勾画出眉毛（注意密度和长短搭
配），色粉选用质地细腻、着色强、不易掉色的为佳。

23 画出同色系眼影，可增加英气和格调。

24 给鼻翼刷少许奶咖色色粉，会让鼻子更加立体。

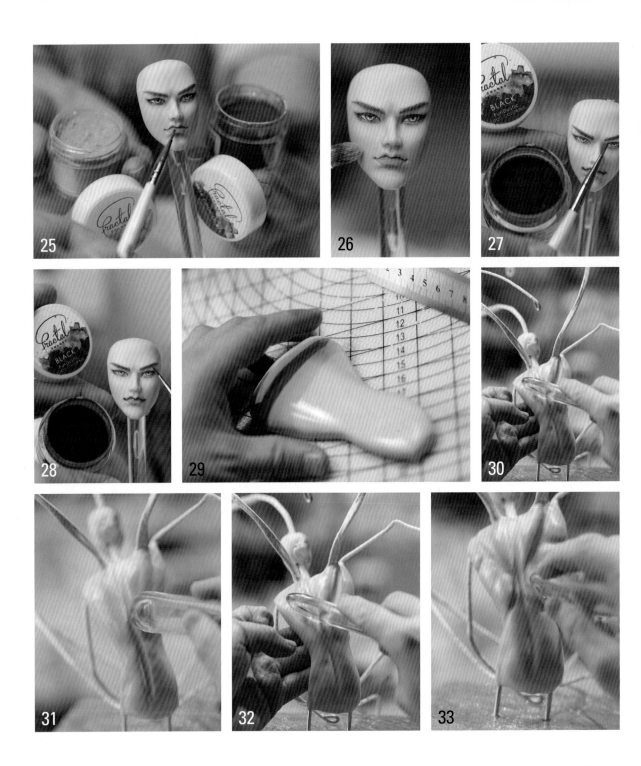

25 男性嘴唇通常选择奶咖打底，加脏桃色过渡。

26 面颊扫上少许奶咖兑肉粉色，增加血色。

27 眼角刷黑色，可让眼睛看起来更深邃。

28 眉毛刷少许黑色增加浓密感（注意只刷内侧2/3）。

29 制作好的后背大形（要求表面平滑无杂物）。

30 打胶后找准位置和支架粘接。

31 沿后背正中间做出背脊线（注意随身体的造型改变曲度）。

32 中号主刀做出背阔肌。

33 继续做出其余的肌肉（可借鉴硅胶素体和人体解剖学等书籍）。

34 同样的方法做出前胸大形。

35 在胸大肌正下方位置，用大号主刀平压腹部突
出胸肌。

36 打胶后和身体粘接。

37 前胸和后背的接口一定要抹平。

38 大号主刀将胸肌平分为二。

39 大号主刀修出胸肌大形。

40 定出腹横肌和前锯肌的分界线。

41 切出腹肌且注意大小配比。

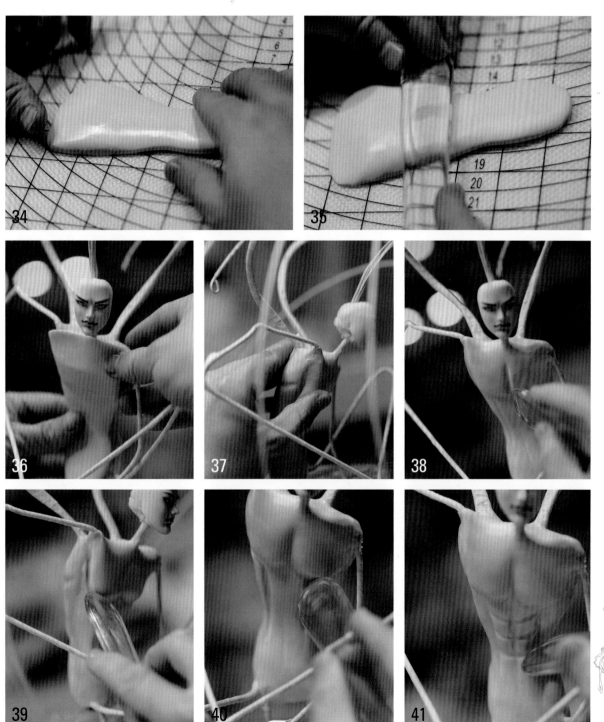

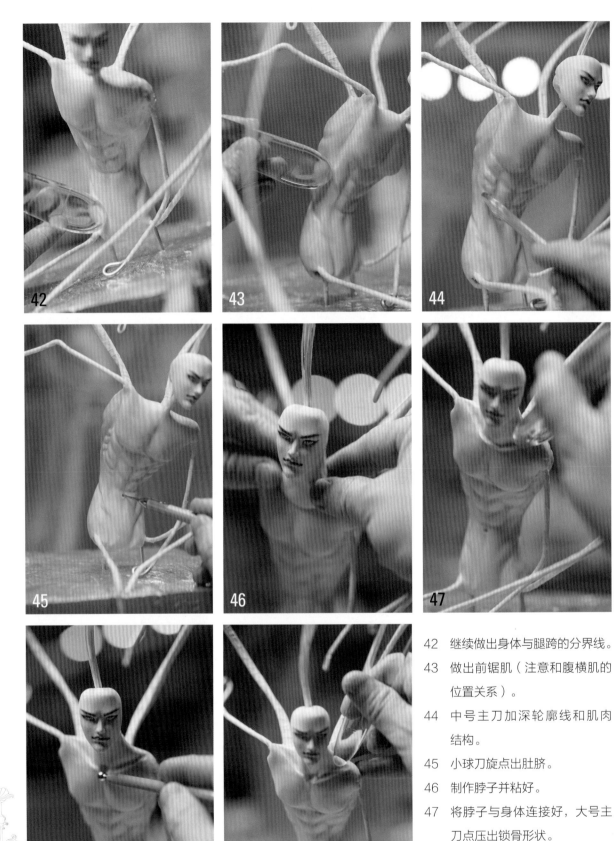

42 继续做出身体与腿跨的分界线。

43 做出前锯肌（注意和腹横肌的位置关系）。

44 中号主刀加深轮廓线和肌肉结构。

45 小球刀旋点出肚脐。

46 制作脖子并粘好。

47 将脖子与身体连接好，大号主刀点压出锁骨形状。

48 大球刀点出锁骨上窝。

49 大号主刀点压出脖子两侧的脖筋。

50 大球刀的小头点压出脖颈上的凹窝。

51 大号主刀点压锁骨下面，突出锁骨形状。

52 制作腿。拇指在翻糖中间 1/2 处滚动下压，做出膝盖后方凹陷大形。

53 美工刀切出缝隙，大号主刀扩大缝隙方便组装。

54 打胶和支架粘接。

55 将胯部和大腿粘接好。

56 两个手指挤压膝盖两侧收窄膝盖，突出膝盖骨。

57 将多余翻糖往腿后收拢，同时捏出小腿形状。

58 多余翻糖全部捏出留在小腿后侧。

50

51

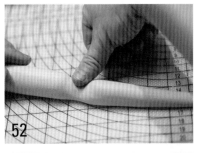

52

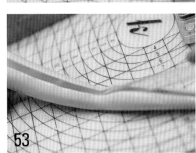

53

54

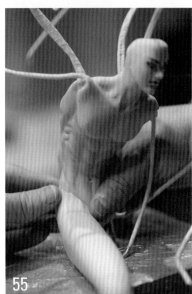

55

56

57

58

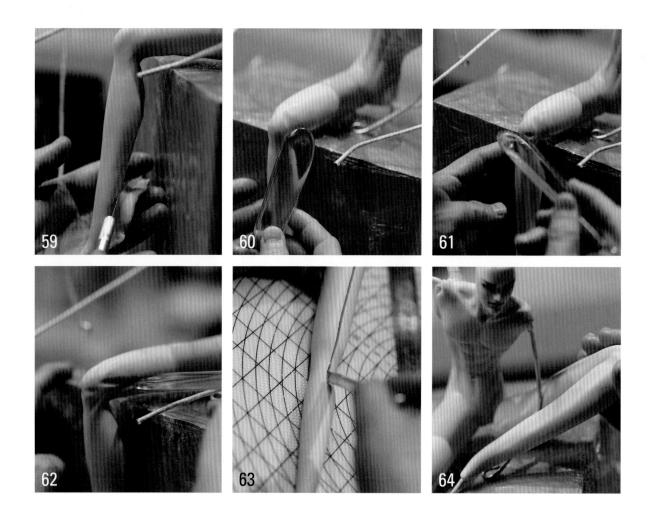

59　美工刀切除多余翻糖同时抹平接口。

60　大号主刀细修膝盖形状。

61　在膝盖正上方点压做出骨骼形状。

62　继续细化腿部结构做出腿筋。

63　制作另一条腿。

64　粘好并塑形。

65　制作手臂。用制作腿的相同方法做出手臂初坯。

66　切出缝隙后用主刀扩大缝隙。

67　打胶后组装到身体支架上。

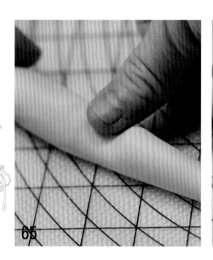

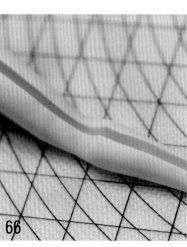

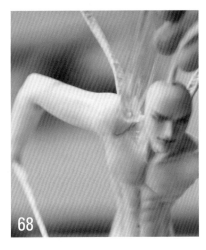

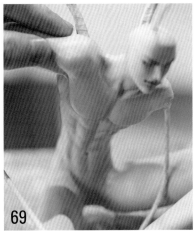

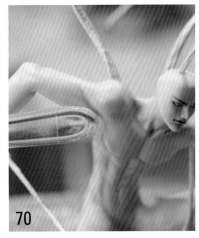

68　先将肩头部分连接好抹平。

69　细修连接部分，并做出肩头手臂分界线。

70　大号主刀加深肩头结构轮廓。

71　细修手臂背部肌肉结构。

72　点压做出肱二头肌。

73　对肱二头肌背部结构进行修整。

74　大号主刀挤压出手肘形状。

75　点压出前臂伸指肌群和屈指肌群分界线。

76　细修肩头肌肉大形。

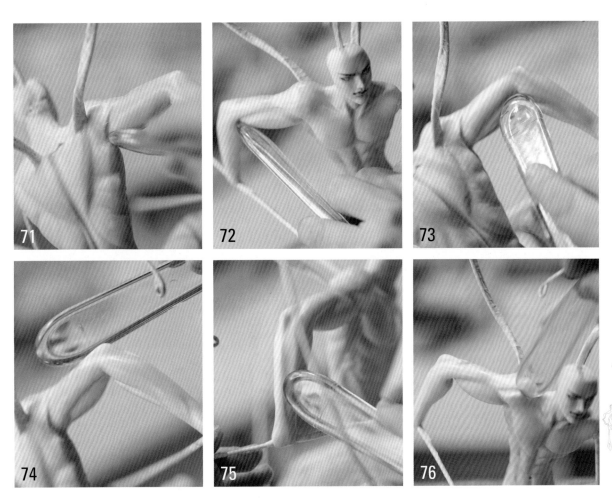

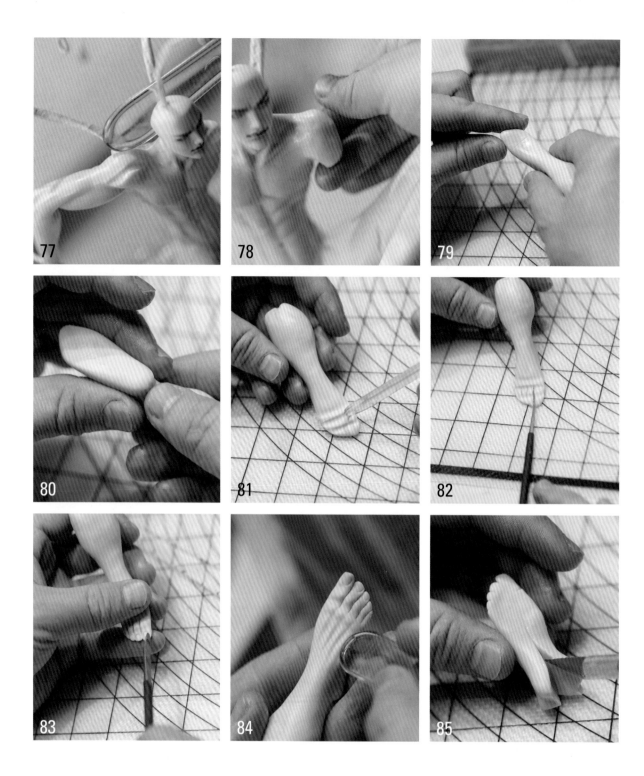

77 大号主刀以向下点压逐渐向前移动的刀法对肩头
肌肉进行细修。

78 左边只需制作截断臂，塑出肩头即可。

79 制作脚。取翻糖捏出脚面大形。

80 推出脚后跟并修整形状。

81 中号主刀下压出脚趾关节。

82 金属开眼刀分切出脚趾（注意大小不一样）。

83 金属开眼刀点压出趾甲盖。

84 中号主刀在脚背点压出脚筋。

85 将脚底裁出缝，方便与腿部粘上。

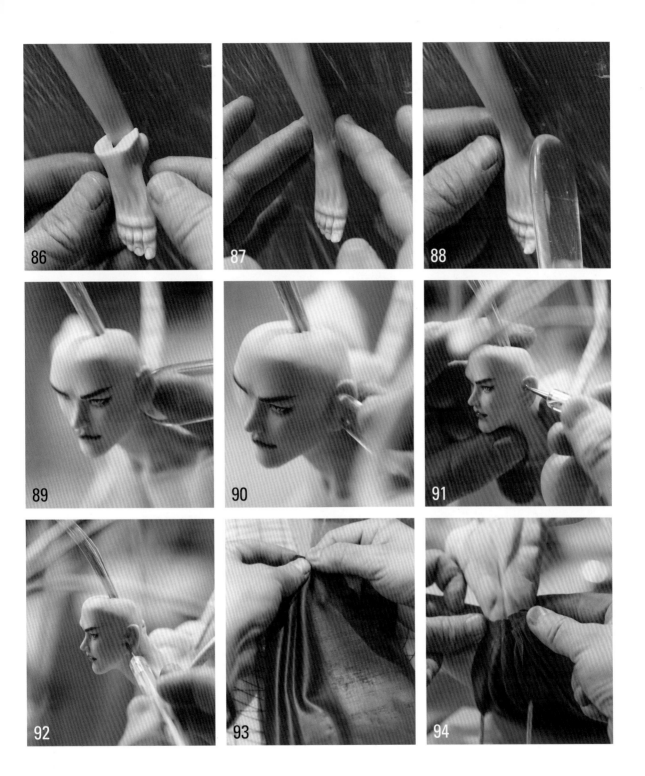

86　打胶后将脚和小腿粘接。

87　调整造型且抹平接缝。

88　大号主刀在脚内侧点压出脚踝。

89　制作耳朵。取翻糖捏出耳朵大形粘在头侧，将交界处抹光滑。

90　中号主刀点压出耳轮形状。

91　小球刀旋点出耳蜗。

92　继续点出耳洞（注意要有一定的深度）。

93　制作衣服。取黑色糖皮擀好，堆叠出衣褶，注意大小搭配。

94　将布料粘在后腰。

95

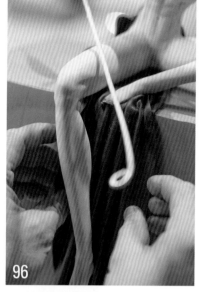

96

97

98

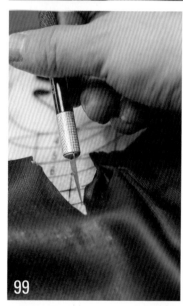

99

95　先找好位置再粘好固定。

96　将下边的布料理顺并调整衣褶。

97　取黑色糖皮制作裤腿。

98　将布料一端收口在裆部，和之前的布料粘好。另一端从膝盖外侧自然下垂。

99　再制作一块布料，正中裁一个口子，用于避开臀部下面的支撑架。

100　一端堆叠收口至腰后。

101　稍微离远点观察效果并修整。

102　将后面的衣服收进身体与台子之间。

100

101

102

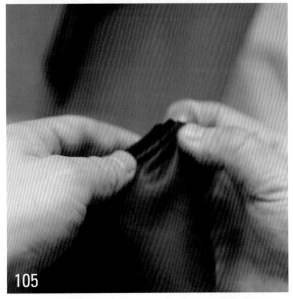

103 将裆部的褶皱用中号主刀理顺。

104 对小腿部分的衣褶进行细修整理。

105 制作一片较窄的布料堆叠好。

106 粘在后背腰部。

107 修整衣褶并收口到底端。

108 制作袖子。将布料对叠成圆筒状准备粘上。

109 对叠成圆筒状的布料套在断臂位置并打胶粘接。
处理好衣褶，确保线条流畅。

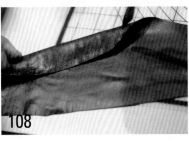

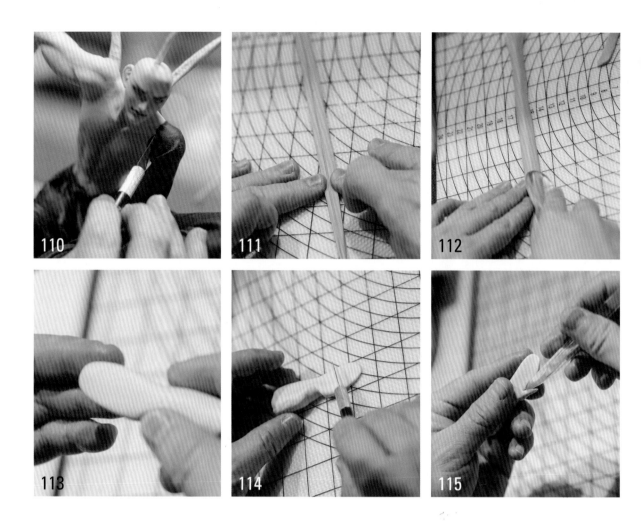

110　将多余的布料裁切整齐。

111　制作剑。取翻糖搓成柳叶形细长条，压扁后在
　　　正中间压出凹槽。

112　修整剑柄的棱。

113　制作手。取肤色翻糖搓条后压扁前 1/4。

114　点压出手指和手掌的分界线。

115　将大拇指剪出来后修平断面做出虎口。

116　将多余的翻糖剪掉，使手指细些。

117　手掌正中略微靠后剪出手指中缝，深度到大拇
　　　指指尖。

118　剪出 4 根手指，并搓圆（注意只搓靠指尖部分
　　　2/3）。

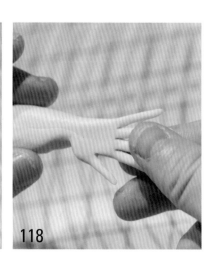

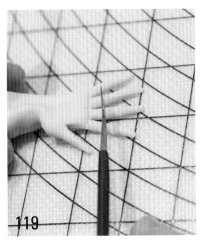

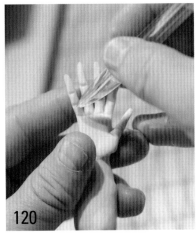

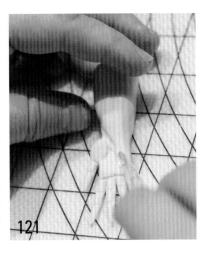

119　金属开眼刀切出指节。

120　开眼刀点压指节，突出结构。

121　做出手掌肌肉。

122　金属开眼刀点压出指甲（男性通常做指甲，仕女类通常不做指甲，直接涂指甲油）。

123　手指捏出想要的造型。

124　将做好的手掌裁出需要部分。

125　将手掌和手臂粘好。

126　中号主刀点压出手背部的筋络，可增加力量感。

127　制作一片衣料给人物穿上。

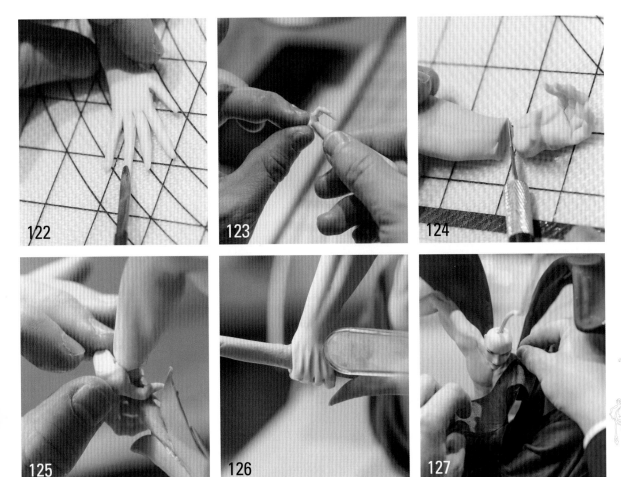

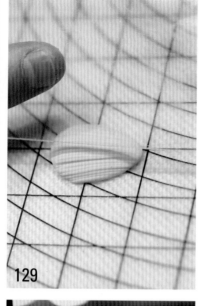

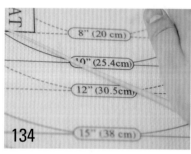

128 用模具制作羽毛，打胶粘贴在右肩部位（注意调整羽毛飘摆姿态，把握长度和密度的搭配）。

129 制作头发。取白色翻糖搓贝壳形，按扁，亚克力板斜着切出发纹。

130 将制作好的发片粘贴在头后侧。

131 依次增加鬓部头发。

132 添加发鬓时注意不要占用脸部的空间（另外要小心，不要弄花妆容）。

133 增加额头部分的头发（注意与其余头发要连接好）。

134 搓几条细长的头发，发尖要细一些。

135 整体拍扁。

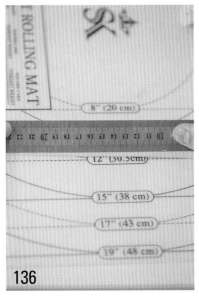

136

137

138

136 钢尺压出纹理。

137 打胶后粘在支架铁丝上。

138 粘好头发后调整头发造型。

139 将脱模的羽毛粘接到身体主
翅上面（注意时刻检查，确保
粘牢）。

140 粘接时羽毛也需要调整角度
以增加美感。

141 可多片羽毛组合后再统一粘
上（有助于成型）。

142 取长条布料制作出腰带粘好。

143 多余的腰带塑成几个S形，
自然垂落在台子上。

139

140

141

142

143

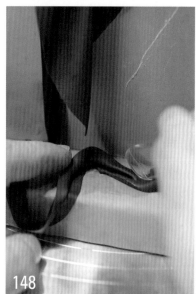

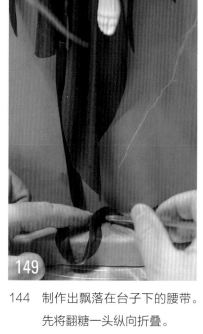

144 制作出飘落在台子下的腰带。先将翻糖一头纵向折叠。

145 另一端选合适位置也堆叠。

146 将堆叠好的部分对折在一起。

147 对折成"8"字形，做成蝴蝶结。

148 需要特别注意腰带拖尾部分的造型。

149 注意和裙边的飘摆角度搭配。

150 飘带掉落在台子下的部分塑出自然下垂的褶皱。

151 肌肉分界线部分喷上肉色兑咖啡色，打出肌肉阴影。

152

153

154

155

156

157

152　手肘关节部分也可喷以上颜色过渡。

153　上色时注意不能点喷,以连续成块喷色为佳。

154　身体肌肉部分都可以喷色过渡,显得更自然。

155　取细长条翻糖盘卷做出发带。

156　发带部分增加两条细绳子。

157　发带根部做出蝴蝶结形状。

158　将翅膀交接部分用同色翻糖覆盖住接口,并抹平。

159　开眼刀依次划出羽毛纹路。

158

159

精卫

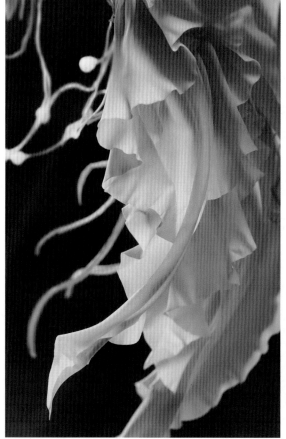

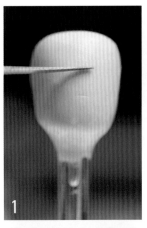

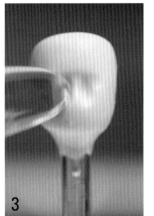

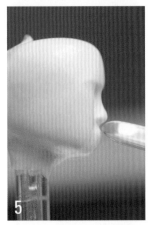

1　取一块翻糖揉至表面光滑，插在针型棒上，用金属
　　开眼刀分出三庭。

2　金属开眼刀压出眉骨的深度。

3　大号主刀压出鼻梁两侧的宽度。

4　大号主刀向两侧延伸做出眉骨。

5　中号主刀定出鼻子的长度。

6　中号主刀做出鼻翼的轮廓。

7　手指把脸的两侧压平整、光滑，并且把嘴包的部分
　　也压出来。

8　小球刀开出鼻孔。

9　开眼刀加深两侧鼻翼的外侧。

10　小球刀定出眼睛的宽度。

11　开眼刀的弧面向上，连接两个点。

12　开眼刀的平面朝上，做出下眼眶。

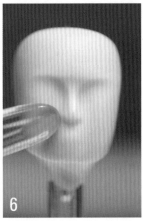

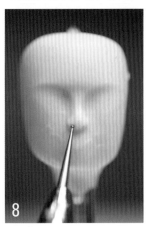

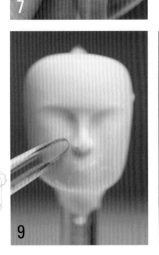

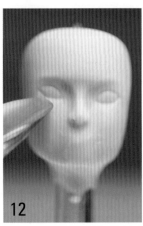

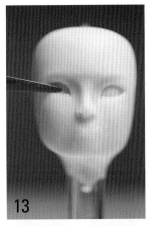

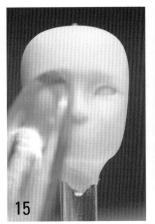

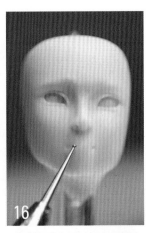

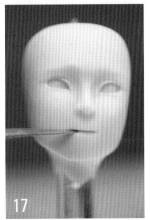

13　金属开眼刀把眼眶内的翻糖向下压深一些。

14　在内眼角处也向下加深一下。

15　开眼刀的弧面向上，做出双眼皮。

16　小球刀定出嘴巴的宽度。

17　金属开眼刀连接两个点的同时分开上下嘴。

18　在嘴里填入白色翻糖。

19　小球刀做出人中。

20　中号主刀向上推出上嘴唇。

21　在眼眶内填入白色翻糖当眼白。

22　填入紫色翻糖当眼珠，金属开眼刀把眼珠填平。

23　黑色翻糖搓细条贴在眼眶与眼白的夹缝处制作成
　　上眼线，用 5 个 0 勾线笔在眼珠周围画出眼珠的
　　轮廓线。

24　画上瞳孔。

25　画出下眼线与高光。

26　刷上咖啡色色粉当眼影。

27　内侧用黑色眼影加深。

28　3 个 0 勾线笔沾咖啡色色粉
　　刷出眉毛大形。

29　这些都是用到的色粉颜色。

30　3 个 0 勾线笔沾粉色色粉刷
　　下眼皮的下方。

31　5 个 0 勾线笔画出眼睫毛。

32　下眼皮的地方也需要做一些
　　修饰。

33　3 个 0 勾线笔沾粉色色粉刷
　　在嘴唇上作为底色。

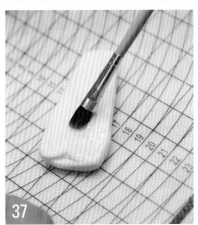

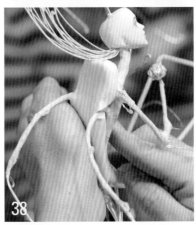

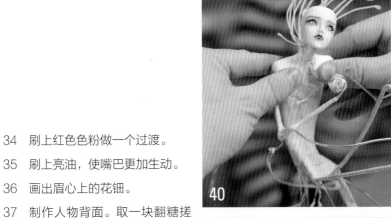

34 刷上红色色粉做一个过渡。

35 刷上亮油，使嘴巴更加生动。

36 画出眉心上的花钿。

37 制作人物背面。取一块翻糖搓
　 条后拍扁，背面刷上胶水。

38 安装在支架的背部。

39 首先固定肩膀部分。

40 肩膀的翻糖向前粘。

41 大号主刀做出背脊线。

42 大号主刀做出两侧的肩胛骨。

43 取翻糖粘在臀部。

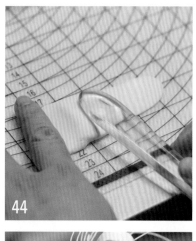

44

45

46

47

48

44　制作人物正面。另取一块翻糖拍扁后用大号主刀压出胸的大形。

45　安装在前胸的支架上，然后抹平接口。

46　大号主刀在胸的中间平均分出胸部。

47　把胸部的翻糖修整圆滑，并且加深胸的两侧下方位置。

48　另取一块翻糖搓条拍扁后制作脖子，从前往后包裹铁丝。

49　抹平接口。

50　取一小块翻糖贴在头像两侧制作耳朵。

51　抹平翻糖的接口部分。

52　中号主刀的小头做出外耳轮。

53　小球刀做出上耳洞。

49

50

51

52

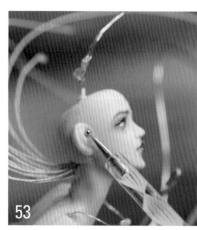

53

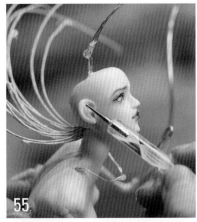

54 接着做出下侧耳洞。

55 加深一下耳洞旁边的凹陷部分。

56 大号主刀围着脖子的下方压半圈。

57 大球刀在中间压一个深度。

58 大号主刀做出脖筋。

59 大号主刀向上推,做出锁骨。

60 制作腿。取一块翻糖搓成上粗下细的长条,中间滚压出凹陷处。

61 在翻糖的后方用美工刀切开。

62 从上往下安装在腿部支架上。

63 捏出小腿肌肉的线条感。

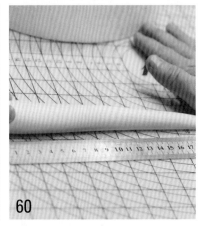

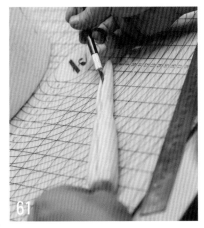

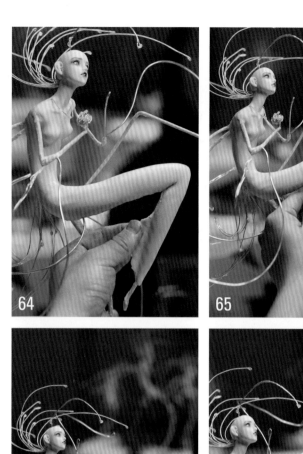

64 把小腿多余的翻糖往后挤压，捏出多余的翻糖。

65 美工刀切除多余的翻糖。

66 同样的方法安装另一条腿。

67 切除另一条腿多余的翻糖。

68 做出小腿的肌肉。

69 小腿外侧的肌肉也要做出来。

70 制作裙子。擀一块大一些的糖皮。

71 放在海绵垫上用针型棒来回擀，做出波浪形的纹理。

72 折叠上方的糖皮。

73 打上胶水安装在支架上。

74 糖皮的上方用胶水粘在胯部。

75 大号主刀理顺褶皱纹理。

76 安装第二片裙子。

77 安装第三片裙子。在安装的时候要注意使褶皱顺畅。

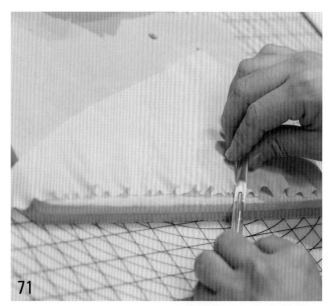
71

72

73

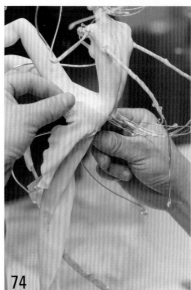
74

75

76

77

78 用模具做好的小羽毛贴在胸上
当文胸。

79 依次贴上更多的羽毛。

80 另取一块小一点的糖皮折叠好，
粘好。

81 右侧也粘上一片小点的裙子，
用中号主刀理顺褶皱。

82 在腰部裙子的接口处贴上一些
羽毛。

83 将糖皮包裹在铁丝上制作翅膀
的大形。

84 同样的方法制作另外一边的翅膀。

85 贴上羽毛，先贴外侧的。

86 依次贴上羽毛。

87 羽毛需要贴 3 层。

88

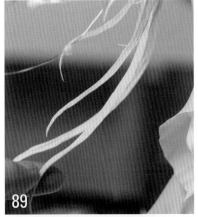

89

90

91

92

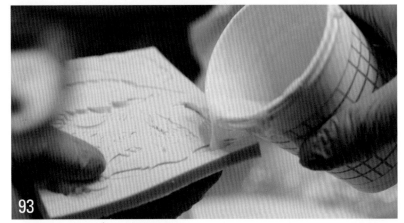

93

88 在翅膀的尖部安装一些小的羽毛。

89 制作一些细长的羽毛安装在后方。

90 用艾素糖制作手中拿着的羽毛灯。

91 以同样的方法用艾素糖制作头上的珠灯。

92 在翅膀上有 LED 灯的地方装上艾素糖做成的羽毛。

93 制作配件。艾素糖倒在硅胶膜具中等待冷却。

94 制作胳膊。取一块翻糖搓成上粗下细的条，中间压出凹陷处，从背后切开。

95 安装在手臂支架上。

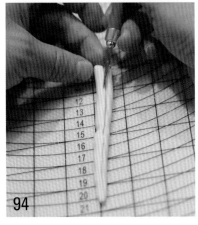

94

95

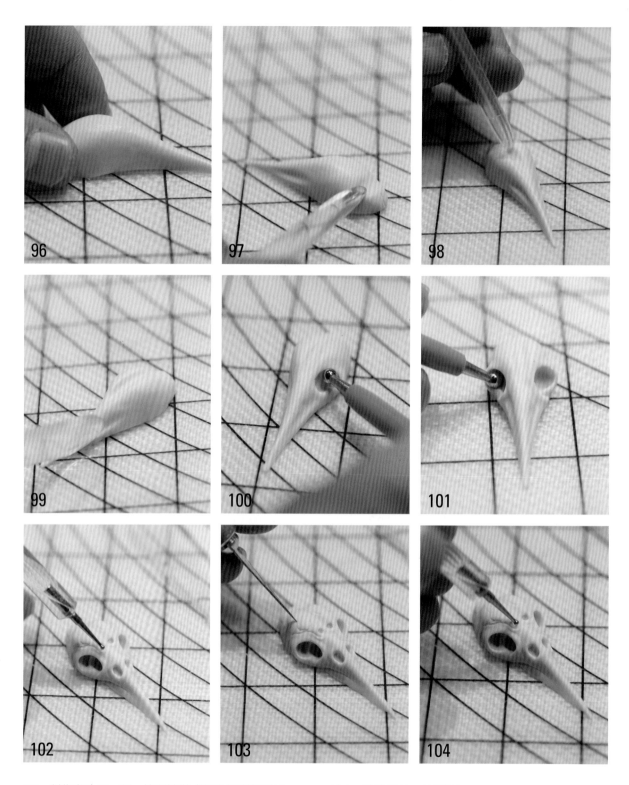

96 制作鸟头骨。取一块翻糖做成前尖后宽的形状。

97 尖头两侧压一条纹路，宽的一头横着压出凹陷。

98 中间部分竖着压一个凹陷。

99 从尖端往中间的地方压出一处凹槽，长度不到全长的1/2。

100 大球刀做出鸟骨的眼眶。

101 做出另外一边眼眶。

102 小球刀在眼眶上方点两个小孔，并且做出鸟骨的鼻孔。

103 美工刀做出头骨的裂纹。

104 加深裂纹。

105 制作袖子。擀一块大一点的糖皮放在海绵垫上压出波浪纹理。

106 折叠糖皮的上方。

107 安装在手臂上。

108 袖子的褶皱用中号主刀的小头调整顺畅。

109 同样的方法制作另外一边袖子。

110 中号主刀调整袖子的褶皱。

111 理顺袖子的纹理。

112 制作头发。取白色翻糖搓成长条。

113 将搓好的长条拍扁。

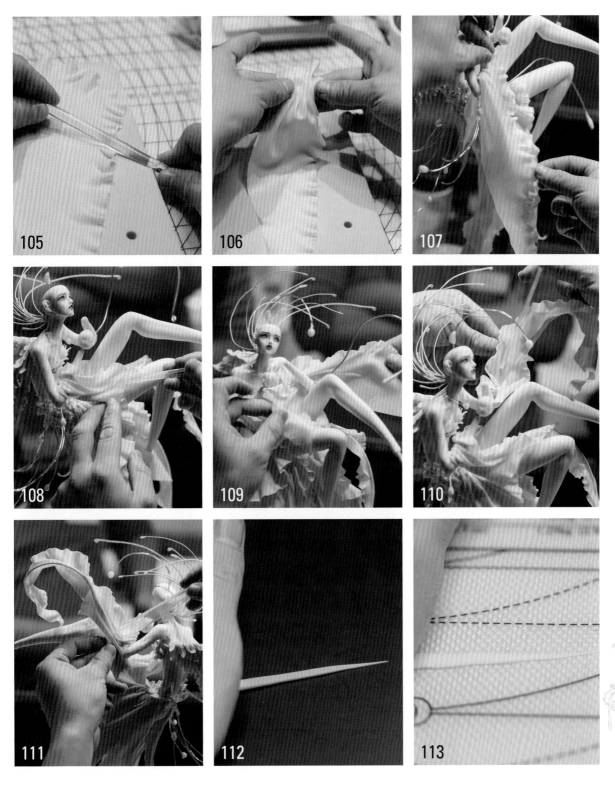

114

115

116

117

114 钢尺切出头发纹理（注意密度）。

115 把制作好的头发粘贴在头发支架上。

116 制作更多的头发。

117 在头发两侧贴上少量羽毛。

118 在额头位置粘上刘海。

119 发尖的部分要稍微弯曲一下。

120 再多粘几根刘海。

121 把制作好的鸟头骨安装在刘海上。

118

119

120

121

122

123

124

125

122 在头骨两侧安装上制作好的小翅膀。

123 在鸟骨的缝隙处刷上色粉。

124 头发上的羽毛也刷一些色粉。

125 在翅膀的缝隙处刷上阴影。

126 头发缝隙处刷上一些阴影。

127 胸前羽毛的缝隙处刷上阴影。

128 制作手。取一块肉色翻糖搓成上粗下细的条。

129 将细的一头用手拍扁。

126

127

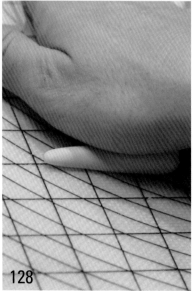

128

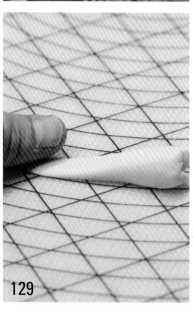

129

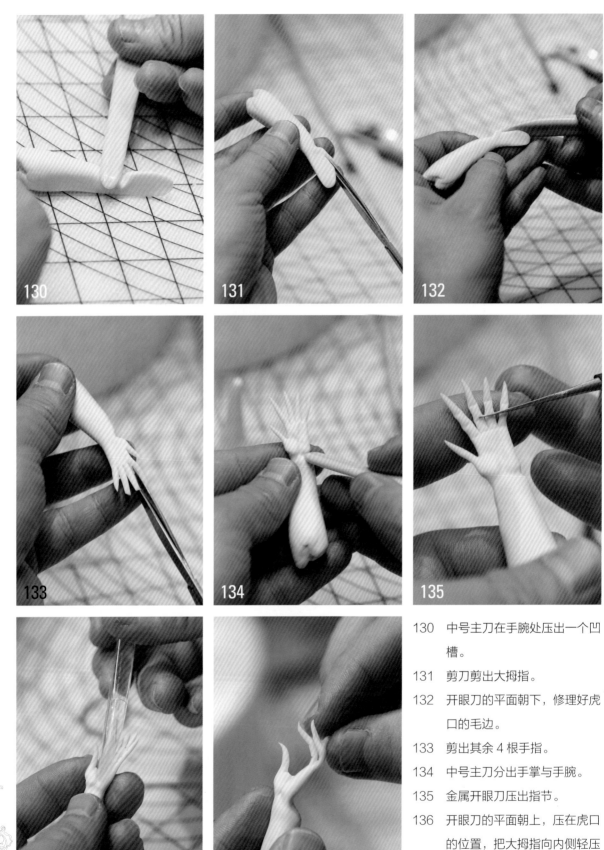

130　中号主刀在手腕处压出一个凹槽。

131　剪刀剪出大拇指。

132　开眼刀的平面朝下，修理好虎口的毛边。

133　剪出其余4根手指。

134　中号主刀分出手掌与手腕。

135　金属开眼刀压出指节。

136　开眼刀的平面朝上，压在虎口的位置，把大拇指向内侧轻压一下。

137　调整手指的造型。

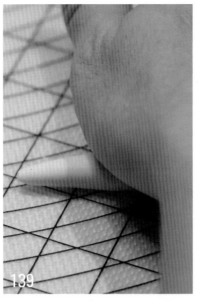

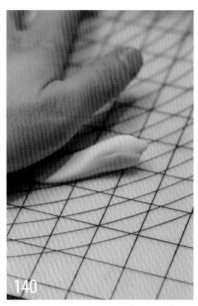

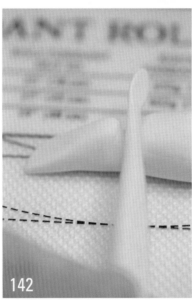

138　中号主刀在手腕处轻轻压出
　　　造型。

139　制作脚。取肉色翻糖搓成上粗
　　　下细的条。

140　将翻糖细端拍扁。

141　细端捏出斜面。

142　工具在脚踝后侧点压做出脚跟。

143　大拇指将脚中段的翻糖向后
　　　拖动做出脚后跟。

144　将脚面分成4份（脚趾占前
　　　1/4）。

145　中号主刀将前1/4再分成3
　　　份（做出指节）。

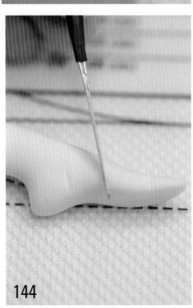

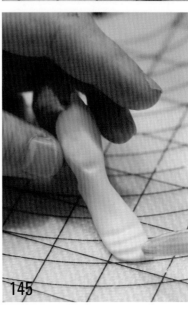

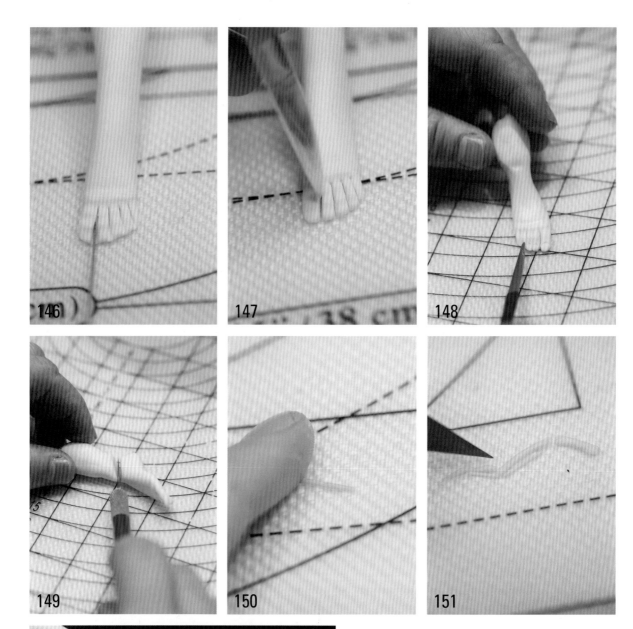

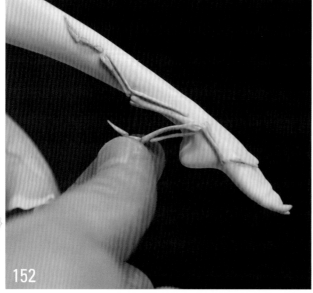

146 金属开眼刀分出脚趾。

147 开眼刀将脚趾侧面修整圆滑。

148 金属开眼刀做出脚指甲。

149 取需要的部分裁切，准备组装。

150 取象牙白色翻糖做出大小不一的骨头（可借鉴鸟类骨头）。

151 将做好的小骨头打胶粘在一起制作成完整的骨架。

152 把制作好的脚安装在小腿的末端位置，抹平接口，粘上小骨架。

153 把制作好的手安装在支架上，抹平接口部分。

154 在翅膀上的羽毛前端刷上一些色粉。

155 在长羽毛上刷上色粉。

156 翅膀缝隙处刷上一些色粉制作阴影。

157 在鸟骨上刷上一些深色色粉。

158 鸟骨与腿的夹缝处也刷一些色粉。

159 在衣服的夹缝中喷上一些阴影。

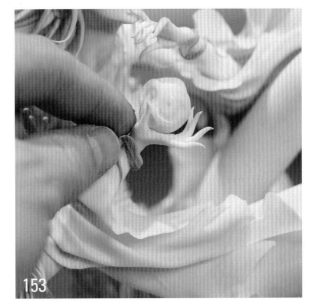

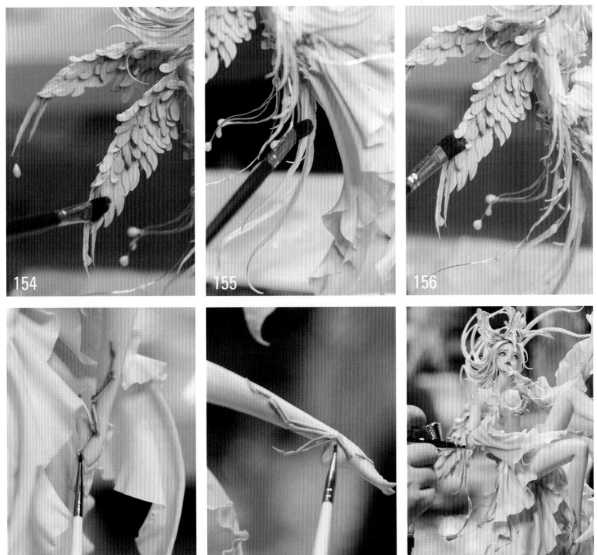

向着未来出发

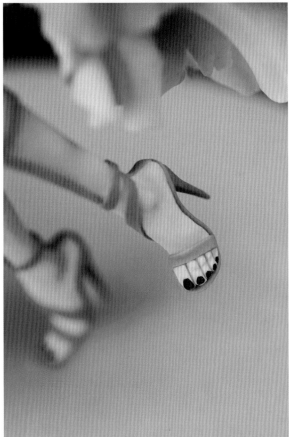

  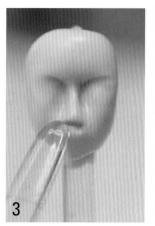 

1　取肉色翻糖反复折叠揉至表面光滑，捏出头型，固定在针型棒上。

2　大号主刀压出鼻梁两侧的深度和宽度，向下延伸做出嘴包的宽度。用大号主刀向两侧延伸，做出眉骨。

3　中号主刀在中庭的位置定出鼻子的长度。

4　小球刀做出鼻孔。

5　开眼刀的弧面压出眼眶的形状。

6　开眼刀的弧面朝上，做出上眼眶。

7　开眼刀的平面朝上，做出下眼眶。

8　金属开眼刀把眼眶内的材料压低一些。

9　小球刀定出嘴的宽度，金属开眼刀连接两个点并且分开上下唇。

10　开眼刀的弧面朝上，推出上嘴唇的弧度。

11　开眼刀的弧面朝下，把下嘴唇往下压低一些。

12　金属开眼刀把嘴唇内的材料压低一些，并且使上下唇分开一些。

13

14

15

16

17

13　眼眶内的翻糖压低一些。

14　在嘴巴里填入一块白色翻糖。

15　小球刀做出人中。

16　中号主刀向上推出上唇。

17　顺势在下巴的位置向上推出下嘴唇。

18　开眼刀的弧面朝上,做出双眼皮。

19　眼眶内填入白色翻糖当眼白。

20　放上蓝色翻糖当眼珠。

21　金属开眼刀填平眼珠。

22　制作眼线。取黑色翻糖搓成细条。

23　安装在眼眶与白眼仁中间的夹缝上。

24　5个0勾线笔在眼珠周围画出轮廓线,画上瞳孔。

18

19

20

21

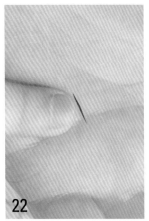

22

23

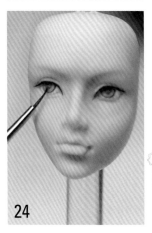

24

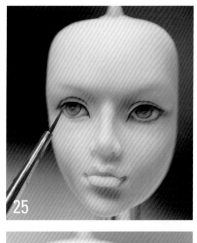
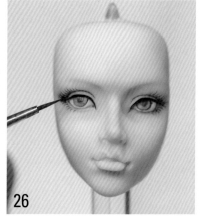

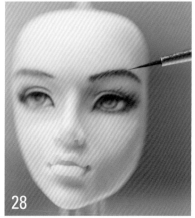

25 画上双眼皮。

26 画上眼睫毛。

27 3个0勾线笔沾上色粉画出眉
    毛大形。

28 画出眉毛。

29 刷上一层淡淡的眼影。

30 嘴唇刷上淡淡的口红。

31 嘴唇中间夹缝的位置刷上深色
    做一个渐变。

32 用粗一点的排笔刷上腮红。

33 把制作好的头像安装在支架上。

34 制作人物背面。取一块肉色翻
    糖搓成上粗下细的条。

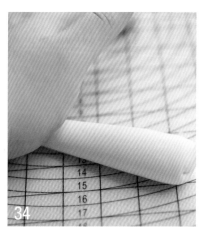

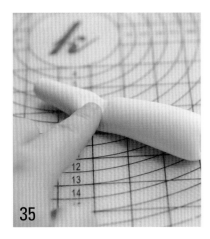

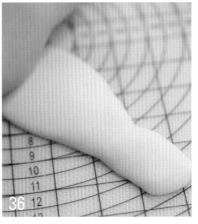

35 手指放在腰的位置滚压出凹槽。

36 手掌把整体翻糖拍扁。

37 安装在后背支架上，固定好周围的翻糖。

38 腰的位置捏细一些。

39 制作人物正面。取一块肉色翻糖搓成上粗下细的条。

40 在腰的位置滚压出凹槽。

41 手掌把整体翻糖拍扁。

42 贴在前胸的支架上，抹平接口部分。

43 取两块翻糖搓成椭圆形。

44 安装在胸前。

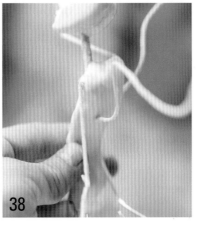

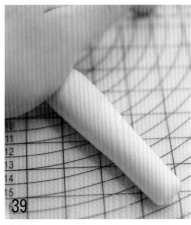

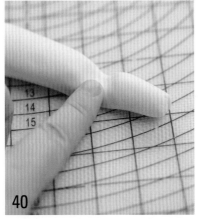

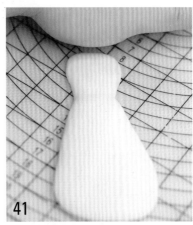

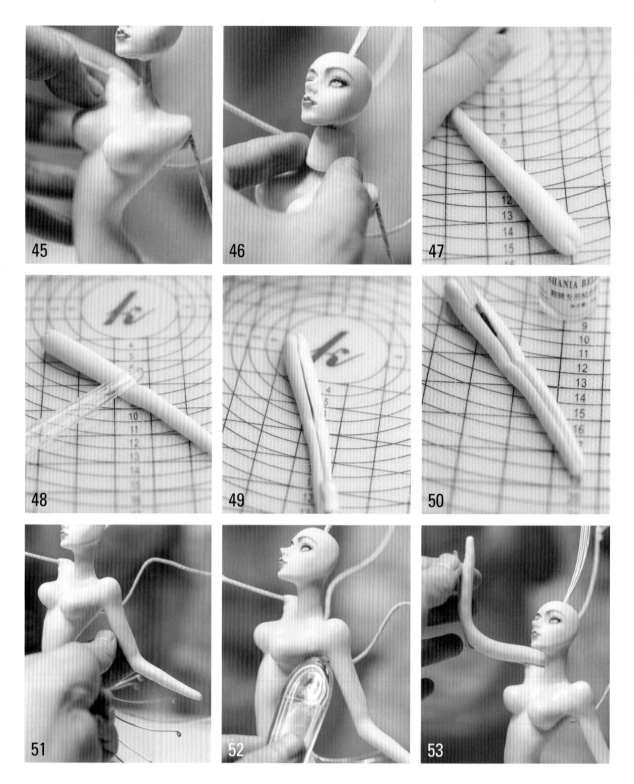

45 用手指把胸的上下方与身体接口的部分抹平。

46 制作脖子。另取一块翻糖搓条拍扁后从前往后安
装在脖子支架上。

47 制作胳膊。取肉色翻糖搓成长条。

48 在 1/2 处用中号主刀压出凹槽。

49 用美工刀切开。

50 刷上胶水。

51 安装在手臂支架上。

52 抹平接口后，用大号主刀做出腋下。

53 用同样的方法制作右臂。

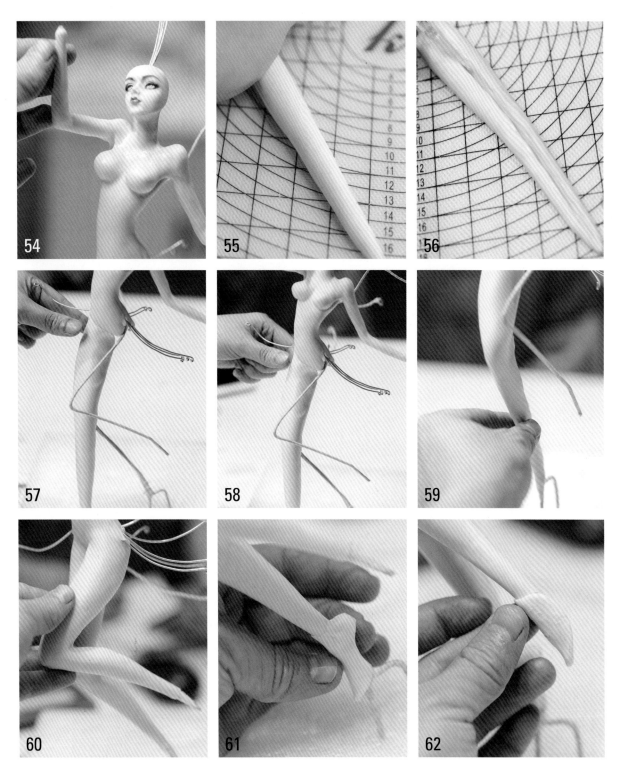

54　大号主刀制作出腋下。

55　制作腿。另取一块肉色翻糖搓成长条，中间压出凹槽。

56　美工刀从后面切开。

57　安装在腿部支架上。

58　把腿的根部与身体接口抹平。

59　把小腿上的翻糖向后推，做出小腿的线条，切除多余的翻糖。

60　同样的方法制作出左腿。

61　制作脚。取翻糖制作出脚的大形。

62　同样的方法制作出另外一只脚。

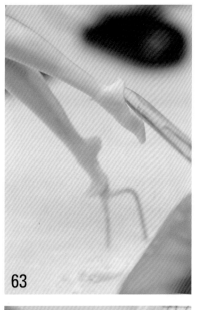

63

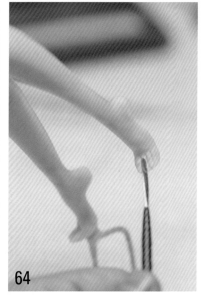

64

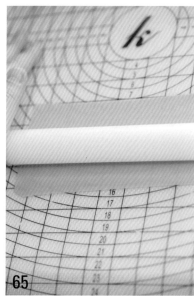

65

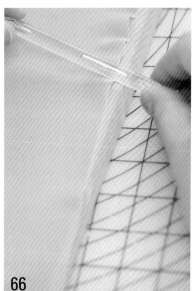

66

67

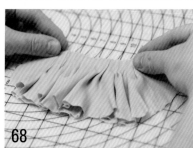

68

63　针型棒在脚底碾压做出足弓。

64　金属开眼刀分出脚趾。

65　擀一片长方形糖皮。

66　放在海绵垫上，用针型棒滚压
　　出波浪纹理出来。

67　折叠糖皮。

68　折叠好的糖皮展示。

69　制作裙子。擀一片白色糖皮，
　　裁成三角形。

70　放在海绵垫上，用针型棒来回
　　碾压出波浪边。

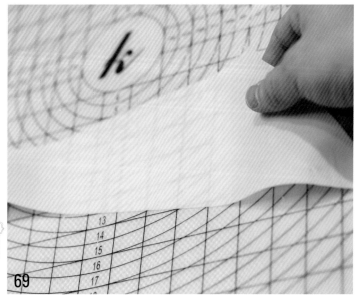

69

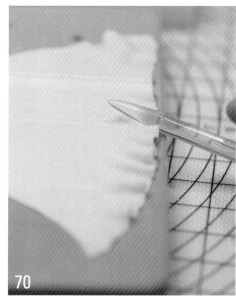

70

71 通过折叠糖皮得到褶皱。

72 折叠好的糖皮展示，用来填在裙下作为内裙向后的拖尾。

73 裙子和拖尾都安装在腰上。

74 用同样的方法安装前面的裙子。

75 中号主刀调整裙子上的褶皱。

76 制作腰带。擀一片糖皮。

77 钢尺压出纹理。

78 贴在腰间。

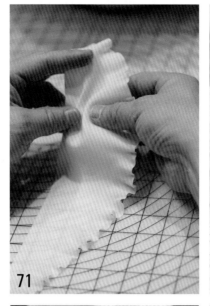

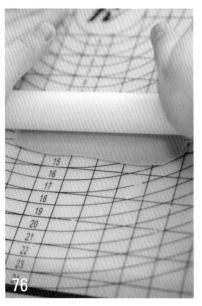

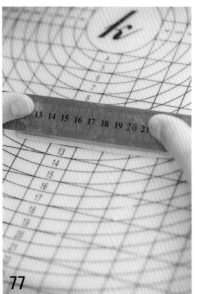

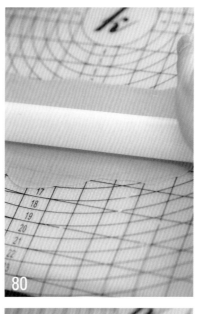

79 裁掉多余的翻糖。

80 擀一片灰色的糖皮。

81 放在海绵垫上，用针型棒压出
波浪形的褶皱。

82 依次折叠糖皮的上方。

83 安装在胸部下方。

84 中号主刀调整褶皱的同时，使
褶皱更加贴紧身体。

85 调整好下方褶皱的弧度。

86 也可以用针型棒向上调整衣边，
就可以形成非常自然的褶皱。

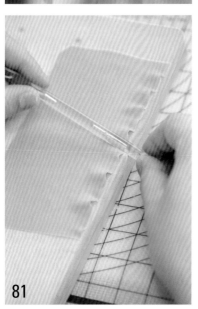

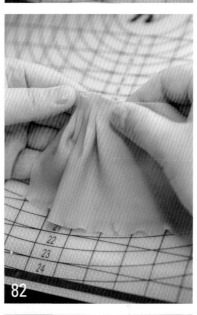

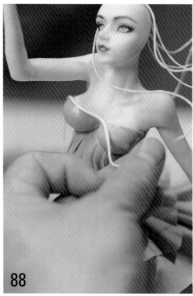

87　制作文胸。取三角形糖皮，贴在胸前，捏糖皮使之与身体伏贴。

88　贴好后，在文胸上边贴上较窄的白色糖条。

89　制作袖子。擀一片糖皮，放在海绵垫上滚压边缘处，贴在手臂上。

90　针型棒理出袖子的褶皱。

91　调整好褶皱的弧度。

92　同样的方法制作右边的袖子。

93　制作鞋子。取一块糖皮裁成鞋底的形状。

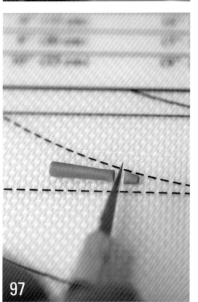

94　粘贴在脚底。

95　制作鞋跟。取翻糖揉软一些。

96　搓成如图所示形状，用美工刀从中间切开。

97　裁掉细的一头。

98　在鞋底的后方粘贴鞋跟。

99　制作鞋面。擀好糖皮后裁出细条。

100　横向贴在脚趾的上方。

101　在脚踝处也贴上一条。

102

103

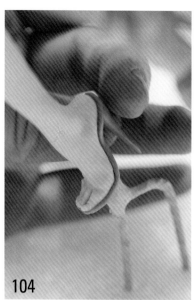

104

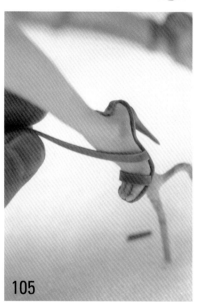

105

102　小腿肌肉上贴上糖条绕一圈。

103　制作出右脚的鞋子，先贴上
　　　鞋底。

104　贴上鞋跟。

105　贴上糖条做的鞋面。

106　制作翅膀。擀一片白色的糖皮。

107　刷上胶水。

108　搭在翅膀支架上，剪出翅膀的
　　　形状。

109　硅胶模具压出羽毛，粘贴在翅
　　　膀上，粘贴的时候由外向内粘。

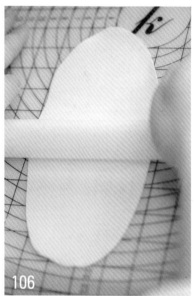

106

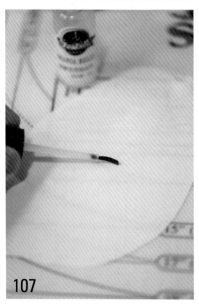

107

108

109

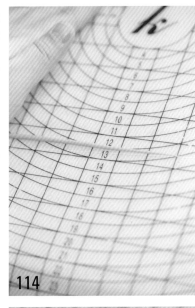

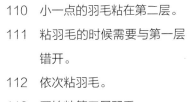

110 小一点的羽毛粘在第二层。

111 粘羽毛的时候需要与第一层
错开。

112 依次粘羽毛。

113 开始粘第三层羽毛。

114 制作头发。将灰色翻糖搓成
长条。

115 拍扁翻糖。

116 钢尺压出头发的纹理。

117 先粘贴左侧的头发。

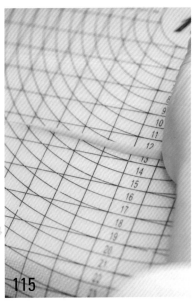

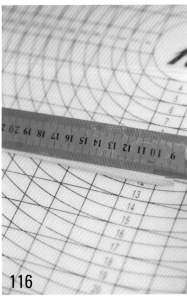

118

119

120

118　然后粘贴右侧的头发。

119　逐渐向前粘贴头发。

120　开眼刀的弧面把前面的头发
　　　抬高一些，将胸前的发尖用手
　　　弯出弧度。

121　制作好的头发展示。

122　制作手。取一块肉色翻糖搓成
　　　上粗下细的条。

123　把细端拍扁。

124　剪出大拇指。

125　剪出其余 4 根手指。

121

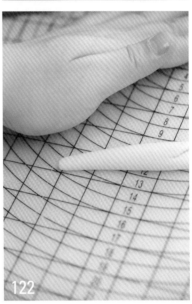

122

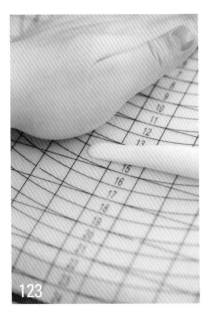

123

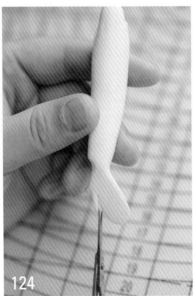

124

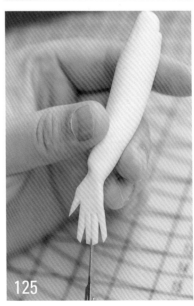

125

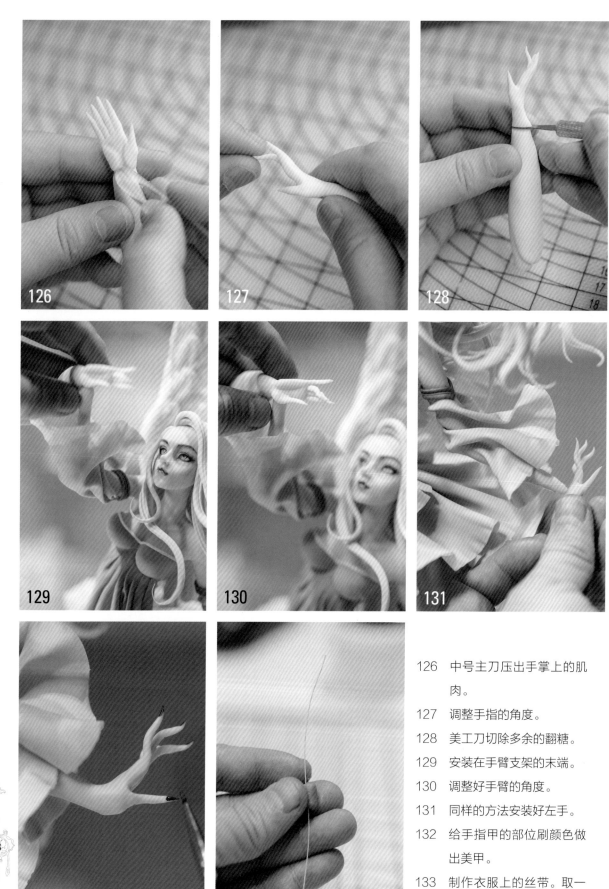

126 中号主刀压出手掌上的肌肉。

127 调整手指的角度。

128 美工刀切除多余的翻糖。

129 安装在手臂支架的末端。

130 调整好手臂的角度。

131 同样的方法安装好左手。

132 给手指甲的部位刷颜色做出美甲。

133 制作衣服上的丝带。取一小块翻糖穿在铁丝中间。

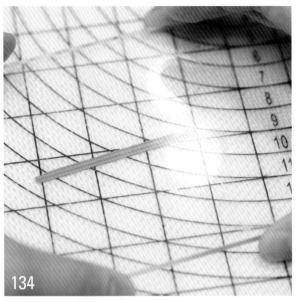

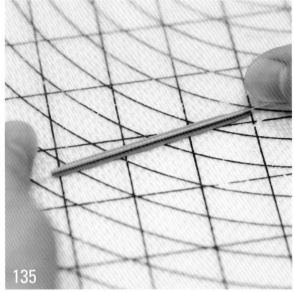

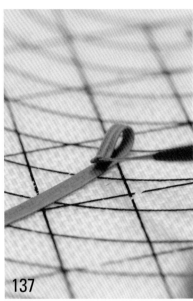

134 搓成条后压扁。

135 亚克力板压出纹理。

136 铁丝调整好造型，固定在前胸
　　的位置。

137 另取一块较窄的糖皮，用亚克
　　力板压出纹理准备制作蝴蝶结。

138 金属开眼刀把糖皮折叠两次。

139 折叠处衔接好，形成蝴蝶结的
　　形状。

140 把制作好的蝴蝶结安装在胸前。

楼台初上

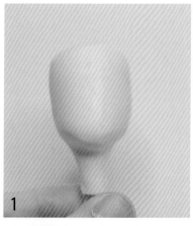

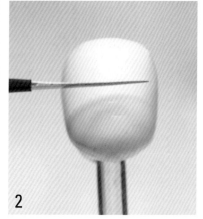

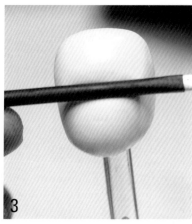

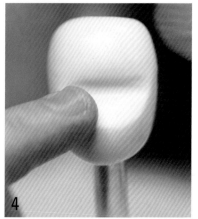

1 取小麦色翻糖（肉色加咖啡色）反复折叠，揉至光滑，捏出头型，插在针型棒上。

2 金属开眼刀标记出三庭。

3 金属开眼刀的柄在上庭的下方，压出眉骨的深度。

4 向下延伸压至中庭，手指抹平表面。

5 大号主刀在鼻梁两侧压出深度，定出鼻梁的宽度。

6 大号主刀向两侧延伸，做出眉骨。

7 手指把脸的位置抹平整。

8 中号主刀在中庭的地方定出鼻子的长度。

9 中号主刀在鼻头两侧各压一下，做出鼻翼。

10 小球刀做出鼻孔。

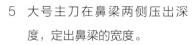

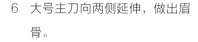

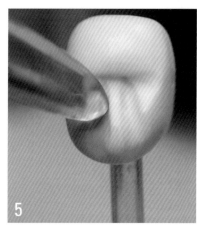

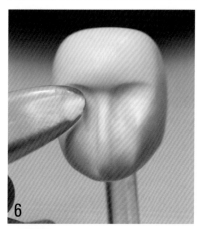

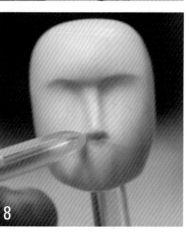

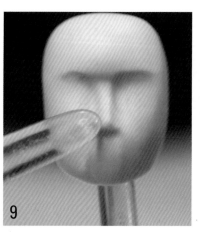

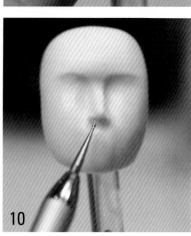

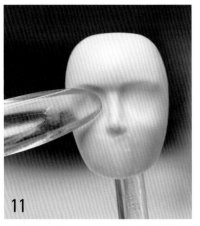

11

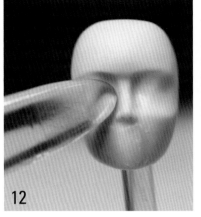

12

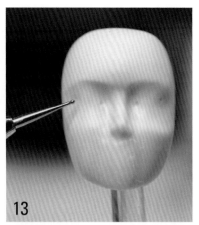

13

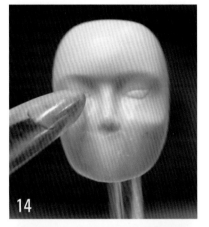

14

11　开眼刀的弧面压出眼眶的
　　深度。

12　大号主刀在鼻梁两侧轻压
　　出弧度。

13　小球刀定出眼睛的宽度。

14　开眼刀开出眼眶的大形。

15　金属开眼刀把眼眶内的翻
　　糖压低一些。

16　开出内眼角。

17　开眼刀向上推出下眼皮。

18　开眼刀的平面朝上，做出
　　眼尾的线条。

19　开眼刀的弧面朝上，做出
　　双眼皮。

20　加深双眼皮。

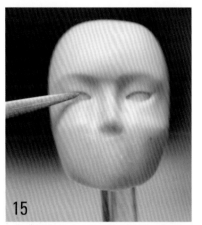

15

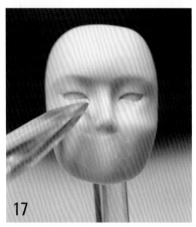

17

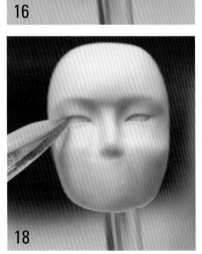

16

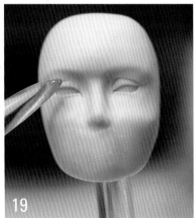

19

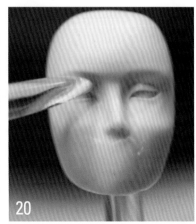

20

18

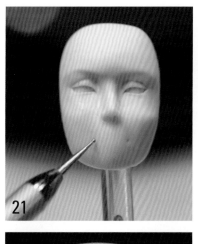

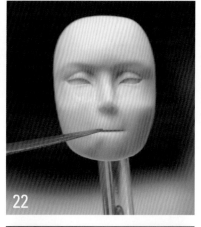

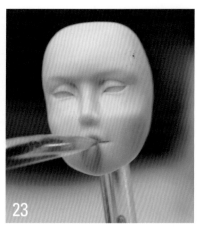

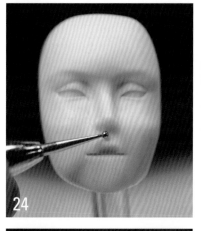

21 小球刀定出嘴巴的宽度。

22 金属开眼刀连接两个点，分开上下唇。

23 开眼刀的弧面向上，推出上嘴唇的弧度。

24 小球刀做出人中。

25 开眼刀推出上嘴唇。

26 加深嘴唇的弧形。

27 金属开眼刀把嘴巴内的材料压低，使上下唇分开一些。

28 大号主刀在下巴与嘴唇距离的1/2处向上推出下嘴唇。

29 大号主刀从上往下推出眉骨。

30 开眼刀梳理脸部肌肉的两侧，使颧骨下方产生凹陷。

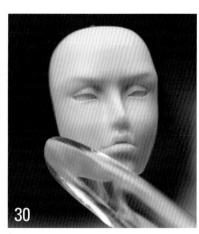

31 金属开眼刀在眼眶内填入白色翻糖当眼白。

32 再填入暗红色翻糖当眼珠。

33 金属开眼刀填平眼珠。

34 制作眼线。黑色翻糖搓成细条。

35 安装在眼眶与眼白的夹缝上，制作成眼线。

36 5个0勾线笔勾画出眼珠的轮廓。

37 5个0勾线笔继续勾画出睫毛（注意疏密有致，颜色是黑色兑咖啡色）。

38 3个0勾线笔沾少量奶咖色色粉，在眉骨上扫出眉毛大形。

39 5个0勾线笔勾画出眉毛。

40 在眼角刷铁锈红色色粉来过渡。

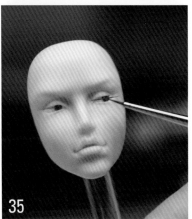

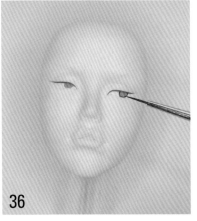

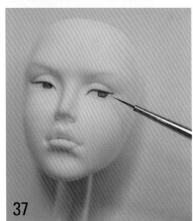

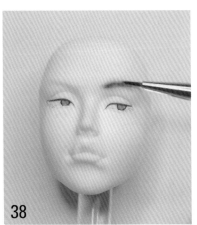

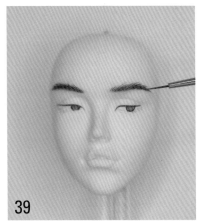

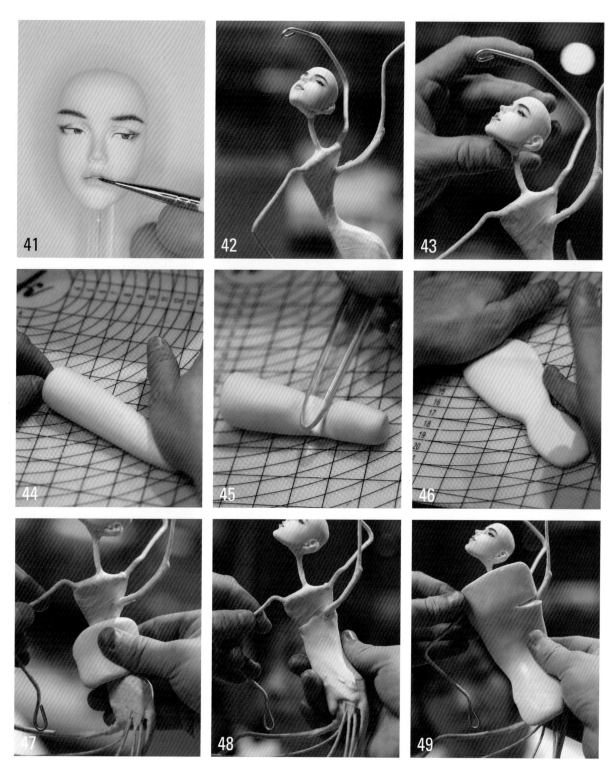

41　嘴唇部分刷上肉色兑咖啡色调兑好的色粉。

42　把制作好的头像安装在支架上。

43　另取一块翻糖贴在头像的下方将空洞填满，使
　　头部和支架完美地结合在一起，这样头部固定
　　得牢固，不易打转。

44　制作人物背面。取块大一点的翻糖搓成上粗下
　　细的条。

45　在腰的位置用大号主刀滚压出凹槽。

46　手掌拍扁翻糖，腰的部分需要细一些。

47　在腰部支架上先贴一小块翻糖。

48　把这块翻糖抹平整一些。

49　把刚才拍扁的翻糖安装在后背支架上。

50 把肩膀上的翻糖向前固定住，把两侧腰的翻糖向前收窄。

51 大号主刀从上往下做出背脊线。

52 在背脊线的两侧从上往两边延伸做出肩胛骨。

53 手指抹光滑这些凹槽的部分。

54 制作人物正面。另取一块翻糖搓条后拍扁，安装在前胸支架上。

55 大号主刀定出胸肌的位置。

56 大号主刀向两侧延伸做出腋下。

57 同样的方法做出右侧的腋下。

58 大号主刀在胸肌的中间向下压出凹槽，分出两侧胸肌与腹肌。

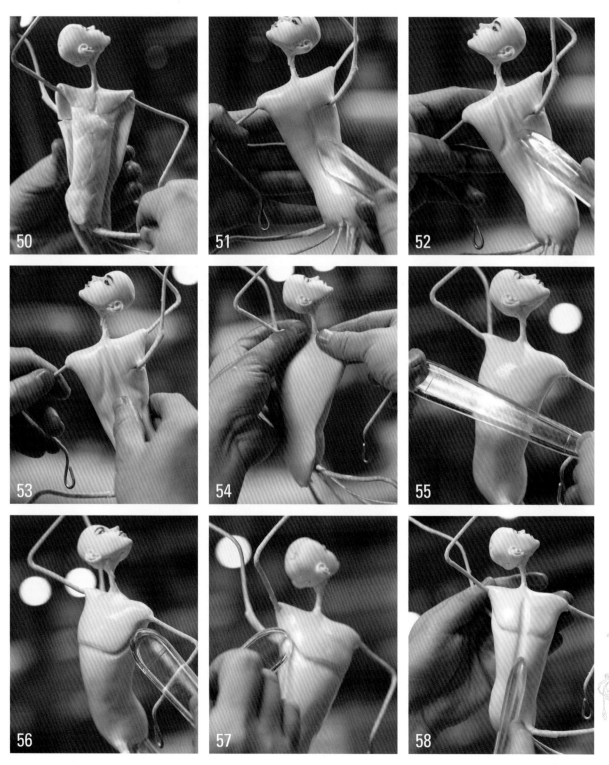

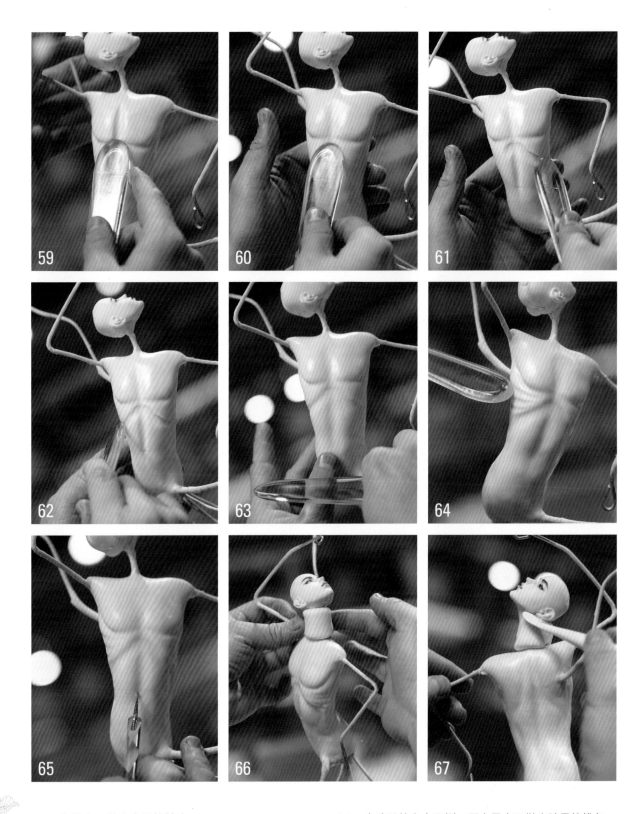

59　大号主刀做出胸肌的轮廓。

60　大号主刀把胸肌内侧修整光滑一些。

61　在胸肌的下方向左下方做出腹肌的轮廓。

62　同样的方法制作右侧腹肌的轮廓。

63　用手指抹光滑刚才的棱角部分。

64　在腹肌的上方两侧，用大号主刀做出肋骨的线条。

65　小球刀做出肚脐。

66　制作脖子。取一块肉色翻糖拍扁后从前往后安装在脖子支架上。

67　抹平接口部分。

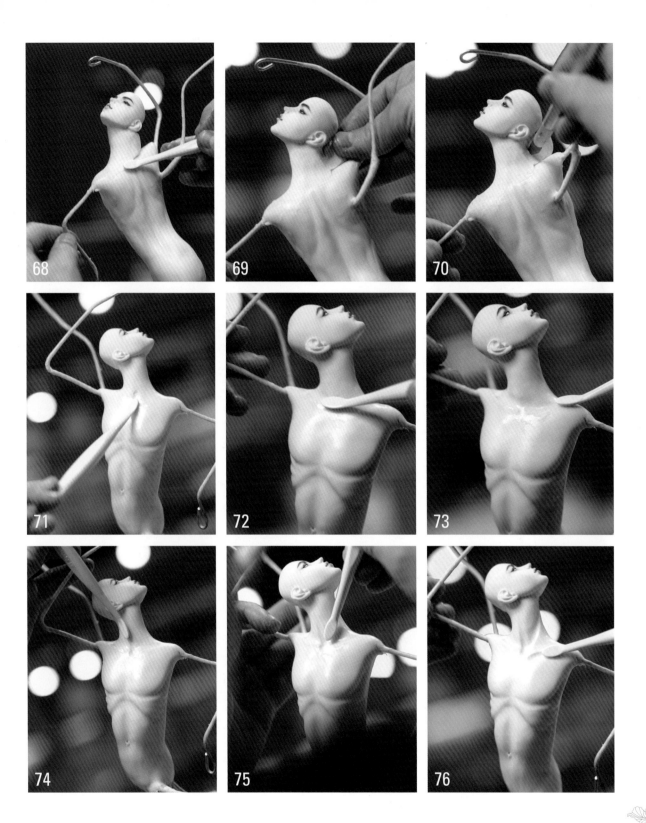

68　脖子与身体衔接的地方也抹平。

69　用手在脖子后方捏出多余的翻糖。

70　美工刀切除多余的翻糖。

71　工具在锁骨的中间压一个凹槽。

72　向两边压出一个半圆形的凹槽。

73　一直延伸至肩膀上。

74　在锁骨中间的位置向上延伸，做出一侧的脖筋。

75　做出另外一条脖筋，形成三角形。

76　从中间凹槽的部分向两侧延伸，做出锁骨的大形。

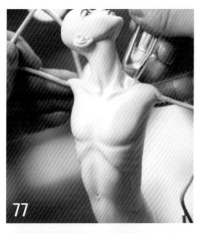

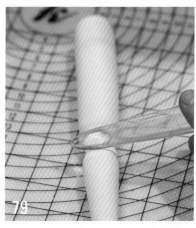

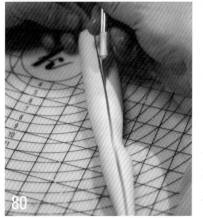

77 大号主刀在锁骨的上方往下压，凸显出斜方肌。

78 同样的方法做出右侧的斜方肌。

79 制作腿。取一块翻糖搓成条后，在一半靠细端一点的位置用大号主刀滚压出凹槽。

80 美工刀在后方切开。

81 安装在腿部支架上。

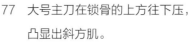

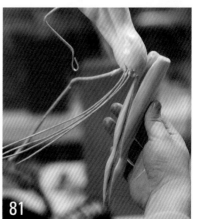

82 固定大腿与身体的接口部分，把小腿上的翻糖向后挤，做出小腿的线条。

83 用手捏出小腿后方多余的翻糖。

84 美工刀切除小腿后方多余的翻糖。

85 大号主刀做出小腿肌肉的线条。

86 另取一块翻糖搓成上粗下细的形状，在中间偏下一点的位置滚压出凹槽，在后方用美工刀切开。

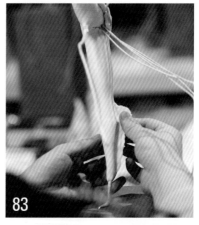

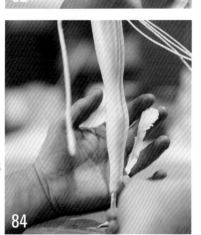

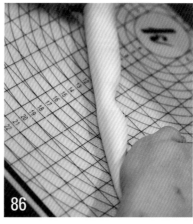

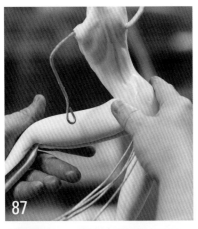

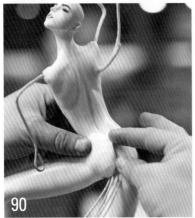

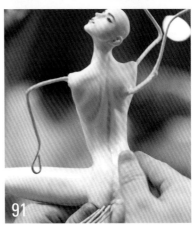

87 安装在右腿支架上。注意两条腿的姿态不一样。

88 捏出小腿多余的部分，美工刀切除掉。

89 大号主刀做出小腿肌肉的线条。

90 另取一块翻糖贴在臀部。

91 抹平贴上去的翻糖。

92 制作胳膊。取肉色翻糖揉匀后搓条（注意前细后粗，同时压出手肘部分）。

93 美工刀将手臂内侧切开口子，准备打胶组装。

94 安装在手臂支架上后抹平接口部分。

95 大号主刀做出肱二头肌。

96 制作手臂后面的肌肉线条。

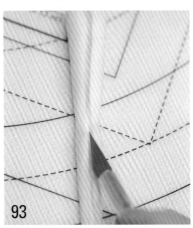

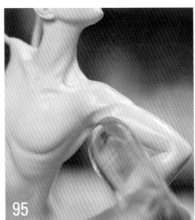

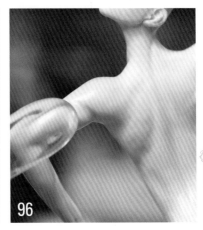

97 大号主刀在手肘的两边也压出肌肉线条。

98 取一块肉色翻糖搓成上粗下细的条后，在中间部分用大号主刀滚压出凹槽。

99 安装在手臂支架上。注意两个胳膊姿态不一样。

100 抹平手臂与身体的接口部分。

101 捏出手肘的形状。

102 在手臂后方压出肌肉的线条。

103 大号主刀做出腋下。

104 做出肱二头肌。

105 取一片翻糖擀成片，对折搭在翅膀支架上，裁剪出翅膀的大形。

106 制作裤子。取红色翻糖搓条拍扁。

107 擀薄后裁切。

108 擀好的红色糖皮比照一下长度。

109 上端堆叠好，顶端压平，裁切。

110 安装在胯部，内侧缠绕腿部的前方，制作出裤子。

111 大号主刀梳理裤子上的褶皱。

112 另取一片糖皮，粘贴在后腰。

113 和刚才的糖皮连接好，大号主刀梳理裤子上的褶皱。

114 另取一片糖皮，粘贴在大腿根部，另外一侧贴在小腿上。

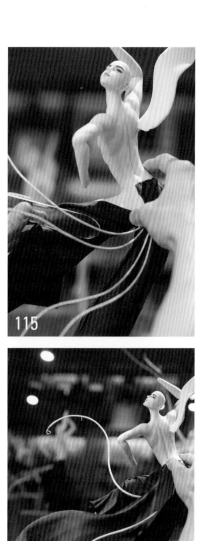

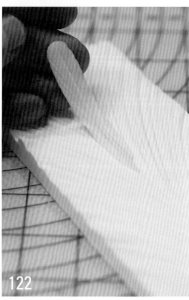

115 大号主刀梳理裤子的纹理。

116 同样的方法安装好前方的糖皮。

117 连接好接口部分，梳理好裤子的褶皱。

118 另取一片长一点的糖皮固定在胯部，其余部分搭在支架上。

119 取一片翻糖折叠后粘贴在腰间。

120 工具调整好折叠的部分。

121 取一块翻糖搓成长条后放在羽毛模具中间。

122 按压出羽毛的形状。

123

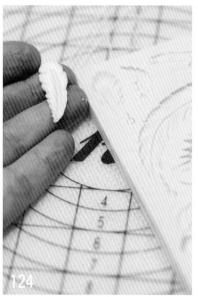

124

125

126

127

128

123 另取一块翻糖放在硅胶模具里压出小羽毛的形状。

124 制作好的小羽毛展示。

125 开始在翅膀上粘贴羽毛。

126 贴上第一层羽毛。

127 粘贴第二层羽毛。

128 粘贴第三层羽毛。

129 取一小块翻糖安装在第三层羽毛接口处，工具划出小羽毛的形状。

130 制作孔雀尾羽。取白色翻糖搓条。

129

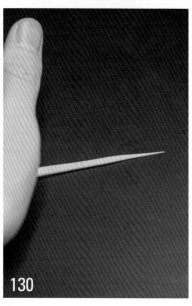

130

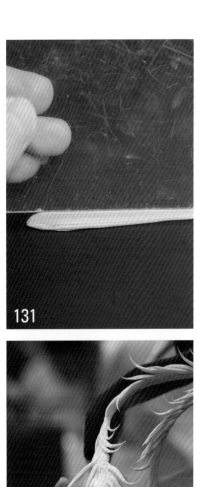

131 亚克力板给翻糖压上发纹。

132 将压好纹理的头发卷成圆柱形。

133 依次贴上一些尖的羽毛。

134 贴羽毛的时候要注意羽毛的弧度。

135 单独制作一些长片的羽毛粘贴在大羽毛的内侧。

136 制作头发。在头上贴一片黑色的头发大形。

137 开眼刀划出发丝。

138 再做出右侧的头发。

139

140

141

139 在后脑勺贴一块翻糖，划出纹理。

140 取深咖啡色翻糖搓条拍扁。

141 将头发压出纹理，并卷曲成圆柱形。

142 把制作好的头发粘贴在头顶。

143 依次贴上制作好的头发。

144 发尖要调整好弧度。

145 另外一个角度的头发展示。

146 依次往上叠加头发。

142

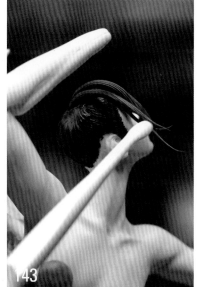

143

144

145

146

147

148

149

150

147 调整好发尖部分。

148 依次增加头发。

149 在左侧贴上小一点的头发。

150 依次添加小头发。

151 制作手。将肉色翻糖搓成上粗下细的条。

152 把细端翻糖拍扁。

153 中号主刀压出凹槽。

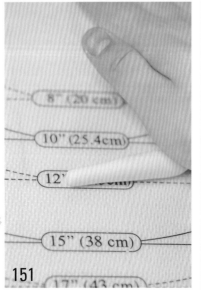

151

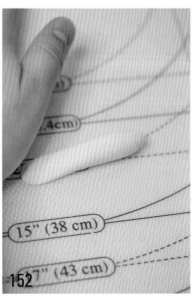

152

153

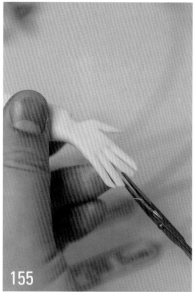

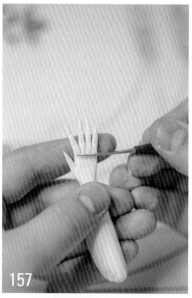

154　剪出大拇指。

155　剪出其余 4 根手指。

156　把每根手指搓圆滑。

157　金属开眼刀压出指节。

158　中号主刀压出手掌的肌肉。

159　美工刀切除多余的翻糖，安装好。

160　制作脚。肉色翻糖搓成条，需要做得比手粗一些。

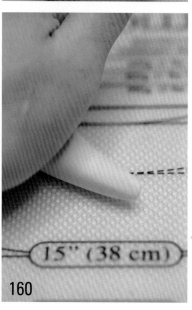

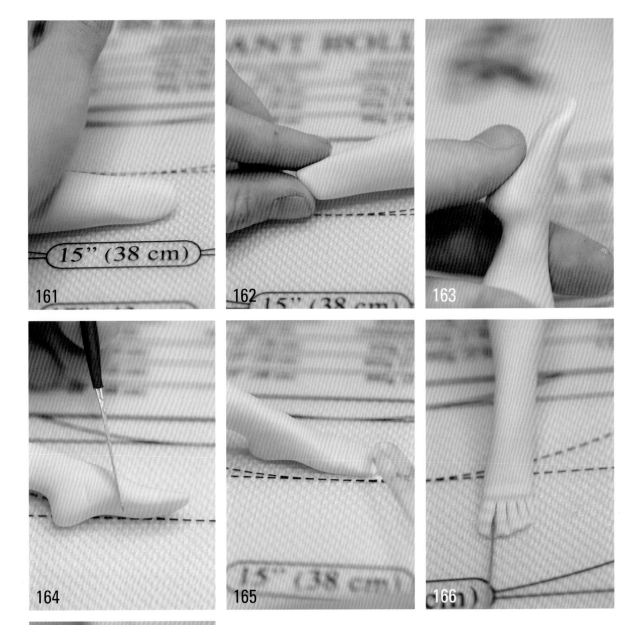

161 细端翻糖拍扁。

162 细端翻糖捏出斜角。

163 做出脚后跟。

164 金属开眼刀平分成 4 份。

165 中号主刀压出指头的凹陷。

166 金属开眼刀分出 5 根脚趾。

167 做出脚指甲。

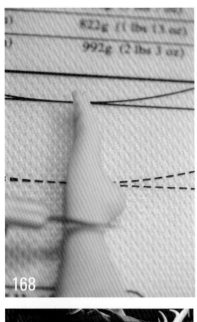

168　美工刀切除多余的翻糖，安装好。

169　大红色加咖啡色调兑出需要的阴影色。

170　在裙子夹缝中用喷枪喷上阴影部分。

171　喷的时候小心不要喷到腿上了。

172　在肌肉部分喷上阴影。

173　同样在背部肌肉上喷上阴影部分。

174　在衣服的夹缝中喷上一些红色过渡一下。

后 记

翻转吧，甜蜜的负担！

各位朋友，大家好，我是周毅，生于四川，现在苏州，目前从事一份与甜蜜有关的工作，很荣幸有机会和大家一起分享关于天分、热情、思考与匠心的经历。和大家交流的并非成功学，因为我自认"革命尚未成功，同志还需努力"，只是一路走来，在自己热爱的领域有一点点个人建树，想把成长中的经历和大家交流，使后来者能够少走弯路，事半功倍。

很多人知道我，是因为我有一个响亮的名号：糖王。凭着多年的刻苦练习，翻糖在我的手上，幻化出了一个个鲜活的作品，绽放着生命力，见过的人都啧啧称奇。但这个过程并不是一蹴而就的，达到今天这个水准，我比常人付出了多倍的努力。现在回想起来，热爱艺术的萌芽，早在幼年时期就已初露端倪。

一、少不更事羽未丰

在走进食品雕刻的世界，成为世界糖王之前，我还是一个有些自卑的平凡少年，和今天的开朗完全不同。在少年时期，我无论怎么努力都记不住书本上的知识，成绩一直处于"学渣"状态，甚至被人嘲笑说"周毅你天生就不是学习的料……"周围人的无视和嘲笑让内心敏感的我很受伤，仿佛乌云压顶，看不到前程，看不到希望，甚至自卑到很少与人说话。

在这种压抑的日子中，转眼就到了18岁，填高考志愿时，姥姥对我说，瘦死的厨子八百斤，不如去学个一技之长吧……就这样，我报考了四川烹饪高等专科学院（现在改名为四川旅游学院）学习中餐工艺。当时，无论是我还是家人，谁也没想到，一门心思学门手艺来吃饭的念头，会给我的人生带来如此翻天覆地的变化，使我走上了完全没有想到的人生轨迹。

二、笨鸟先飞亦超群

进入大学之前，我是一个"十指不沾阳春水"的门外汉，上大学后，开始费力地熟悉各种食材，练习使用各种刀具。食材在手上好像变成了泥鳅，笨拙的我还没拿稳就滑落了，甚至菜刀直接切到了手上，起初还会简单包扎一下，后期就习以为常，不予理会。因为高中时代浑浑噩噩的日子过够了，我决定破釜沉舟，开始一段新的生活，所以心里憋着一股劲儿，想要成为一个有用的人，发挥出自己的价值来。

时至今日，为了练好雕刻和烹饪技艺，我用于练习的水果和南瓜数以吨计。11点、12点、1点、2点……漫漫长夜，陪伴我的，只有旁边的小台灯。随着练习的材料堆积成小山，我的烹饪和雕功也越来越好。至于文化课，也同样采用笨鸟先飞的方法，一遍记不住就两遍，十遍记不住就一百遍……就这样，在入学第一年末，我竟然拿到了4000元的奖学金！！！

从差生到拿奖学金，领奖的那一刻人都是飘的，怎么领的奖，怎么走下来的，记忆竟然一片空白，那一次才深刻领悟到了什么叫扬眉吐气。自此我便明白了，打铁还需自身硬，想获得别人的尊重，首先得提升自己的价值，正所谓：人必自重而后人重之……同时收获的还有一个心得，就是"世间无难事，只怕有心人"。自此我仿佛重获新生，人也变得自信开朗。

三、小荷才露尖尖角

大学期间我去了一次义乌，一直神往的亚洲第一小商品集散地。《鸡毛换糖》是这个城市中心的雕塑，早期的浙商不过是些小商小贩走南闯北走街串巷，以红糖、草纸等低廉物品，换取百姓手中的鸡毛等，以赚取微薄利润，经历漫长的发展成为今日名副其实的浙商。义乌之大让人惊讶，一个工艺品大楼我逛了两天都没逛完，也第一次看到这么多豪车，清一水的宝马、奔驰、宾利，第一次感受到了商业的魅力与震撼。于是，我也动了做生意的念头，揣着奖学金加上家里的支援一共12000元钱开始了商业实践。我跟在其他老板背后学习他们讨价还价的本事，自己也依葫芦画瓢，进了一批货。但进货容易卖货难，回到学校以后想摆地摊，去了5次天桥都无功而返，因为抹不开面子都没敢开始。直到放暑假，不得不给家里一个交代，回家以后挣扎着出去，摆出了我生命中的第一个地摊。刚开始我头都不敢抬，生怕被以前的同学和老师认出来，丢了面子，但没想到生意兴隆，顾客络绎不绝，卖出东西的成就感，使我很快就将面子俩字抛之脑后。在摆摊期间我学会了与人交流，学会了察言观色，每天都能挣千八百元。那可是2000年，我父母的工资每月才1200元左右，也就是说我摆摊一天抵得上父母工作一个月。

说这些并不是炫耀我初入商场就小获成功，而是想告诉大家，改变自己的生活状态很难，但一旦勇敢走出去，无论成功和失败，都会得到宝贵的收获和经验，你所需要做的，就是迈出第一步，Just do it!

另外一个意外收获，就是在进货期间，了解到义乌对工艺品原型师的需求特别大，工资也特别高，所以回学校后我用挣来的第一桶金报名学了面塑。面塑需要揉、搓、捏、塑，无一不考验手法和表现力。面团软了不行，容易变形；硬了也不行，容易脱落，如此等等，只能一遍一遍地反复调试。

功夫不负有心人，经过刻苦努力练习，我做的作品越发逼真传神，赢得了师父——四川省工艺美术大师王龙先生的认可，并荣获"天府著名民间艺术家"的称号。为了更上一层楼，我白天忙着上课，晚上则琢磨练习。

在之后的几年大学生涯里，我越努力成绩就越好，成绩越好就越自信，年年都获一等奖学金，被评为优等生、校三好生，还得到免考升本的机会。临近毕业，很多家大型酒店都伸来了橄榄枝。本来我准备就这样进入社会，然而此时一件偶然的事，使我的人生发生了更大的转折，从此走上了一条完全不一样的道路……

四、梅花香自苦寒来

再次改变我人生轨迹的，是一本书——严长寿先生的《总裁狮子心》。书里记载了严长寿从一名服务生做起，如何通过一系列的努力和正确的选择，一路擢升为亚都饭店总裁的心路历程。

掩上书卷的我如梦初醒，开始正视自己的内心，应聘到酒店，拿着一份还不错的薪水，安安稳稳地过一生，并不是我想要的。我想走的是一条充满荆棘，隐藏着风险的不寻常之路，我不甘心过那种一眼就能望到头的生活，我要闯出自己的一番事业。

但是我必须先找到一份能够自力更生的工作，然后才能规划未来。工作以后，我白天上班，晚上依然坚持学习食品雕刻和面塑。家和公司距离约25千米，为了节约路费，我每天骑车往返，耗时3小时，晚上9点下班，10点半开始学习，然后练习到凌晨3点左右，每日睡眠只有三四个小时。为了避免迟到，我会上两个闹钟，白天休息时，我就躲在厨房的操作台下面补觉，有时睡熟了，滚到冰凉的地板上，甚至弄湿了衣服都浑然不觉，醒来时很纳闷："咦，怎么会躺在地上？"然而转眼又再次睡着了。就这样，经过了一年的潜心学习和苦练，我的手艺已经到了手刀合一、心至手到的水平，酒店的重点项目指定我参加，非常受器重。

这一年里，除了练习的艰辛之外，经济上的压力也不小。不想给家里增加负担，房租、水电费以及雕刻材料费对我而言都是问题。为了节流，每天只吃清水挂面，半年里把市面上所有的挂面都吃了一遍，以至于现在我都不愿意吃清汤面条了。为了补充营养，我和同学会趁着菜场收工后捡一些零散的菜叶，有一次竟然捡到一棵新鲜饱满的西蓝花，当时如获至宝，当作山珍海味美餐了一顿。

面对生活的窘迫，唯一支持我坚持下去的意念就是把雕刻和面塑一定要做到极致，做到第一。日以继夜的努力让我逐渐获得了专业领域的认可，在圈内也有了一定的名气。那年师父王龙引荐我去昆明的一个庙会制作面塑作品，结果供不应求，最多时一天卖了8000多元，而这时我父母的月工资也只有1500元。通过这次活动，我认识到市场上对优秀面塑产品的需求，看到了商机。就在这一年，我被评选为四川省民间美术家。

五、山重水复疑无路

此时我的技术已臻炉火纯青，在技术上已经没有问题。但很快我意识到面塑产品的市场瓶颈，因为它既不能吃，也不像其他工艺品一样具有较高的收藏价值，难有大成。

前路的迷茫并没有让我气馁，反而一直磨砺着自己的技艺，找出适合自己的道路。在一次西点比赛中，我接触到了拉糖。那时国内还少有拉糖艺人，当我见识到这种神奇的工艺以后，又开始自学拉糖。因为有食品雕刻和面塑的功底，造型对我来说已经是手到擒来，这让学习拉糖的过程顺利多了。在我的带动下，小兄弟们和我一同摸索着前进，成为国内独树一帜的拉糖制作团队。

年少初成的我并没有停止自己的脚步，心中始终清楚地知道自己要去的方向。那几年，我一边开工作室教学一边承接项目制作，从食雕到面塑再到拉糖，学员遍布大江南北，很多人不远千里赶来就为跟我学习精湛的技艺。然而尴尬的是，前一分钟还火爆异常的拉糖技术，一段喧嚣之后就少有人问津了，虽然这在商业上都是非常正常的"新老交替"。

不是市场没需求，不是工作不好找，是真正热爱手工艺的年轻人太少了。外人看糖艺晶莹剔透、精致华丽，可只有自己知道，糖艺现在的处境有多尴尬：需求是有的，岗位是有的，糖艺师工资也是高的，可就是没什么人愿意去做了。我明白，单从一个继承的方式让一门手艺保留和传承下来是不现实的，必须要创造它的附加值。

为了寻找新的出路，我又开始学习烘焙，多次到国外向最优秀的烘焙大师学习，同时在各大平台宣传传统手工艺，出版图书，上传视频等分享翻糖、雕刻、面塑教程，希望通过学习能让更多的餐饮人提高自己的综合能力，适应不同客户的各种需求。我期待着传统手工艺在我的手中焕发新机，期待着年轻人带来的改变。

六、柳暗花明又一村

从博客到微博再到微信，从早期的贴吧、相册到百度空间，一直到现在的公众号，我几年如一日地坚持更新。期望我们历练出来的匠心精神能够影响这个行业，也希望我自己能成为行业领袖，带动这个行业，渴望自己能从专业走向权威，形成更大的影响力，使工匠精神能够一脉传承下去。

为了提升专业素养，2015年，32岁的我再次踏上了求学之路，远赴法国拜访世界糖王学习糖艺技艺。这一次的法国之旅，让我视野更加开阔，不再局限于国内，而是放眼世界，不再满足于作品的"像"和"好"，而是希望自己的作品"活起来"，更加有神韵，打动人心。

熟悉我的人都知道，生活中我是一个没心没肺的人。但一旦涉及作品，我就像变了一个人：做不好重来，做不好不睡，一遍一遍地扒了重做。学生们对我有一个爱称——"周扒皮"。

不久之后，又发生了一件小事，再次改变了我的人生方向……

七、路漫漫其修远兮

有一次，我接到一个小小的订单，与之前不同的是，顾客要求定做翻糖蛋糕。嗅觉敏锐的我立即查询相关的工艺、用料等，这让我像发现了新大陆一样，激起了极大的兴趣。

面对未知的挑战，已经拥有"糖王"称谓的我没有故步自封。我再一次站在了起点，开始了翻糖工艺的学习。

翻糖最早起源于英国，主要成分是一些从乳品糖和水果中提炼出来的酸和香料。翻糖具有比面皮更好的延展性和塑型性，常用于高档的发布会和明星宴会现场的造型蛋糕。

领略了翻糖良好的性能后，我想：为什么看到的翻糖蛋糕作品都是国外的，材料也是国外的，难道只有国外才能制作翻糖蛋糕吗？糖是一种材料，只要把我们的想法和灵魂注入其中，就可以让它变成我们想要的样子。糖是没有国界的，我为什么不把咱5000年的文明融入其中，做属于中国人自己的翻糖蛋糕呢？

这一次新目标的确立，对于我而言并不仅仅是简单的学习和摸索。我仔细研究了翻糖的特性，希望不仅能达到国外同等的水平，而且能够超越从前，达到让全世界都能看见的高度。

在制作工艺上我也对翻糖做出了重要改进。国外翻糖蛋糕的制作工艺是对翻糖整体进行捏、塑的工艺类型，有很多细节无法做精细化处理。而我拥有扎实的雕刻、面塑基础，能够把翻糖蛋糕的人物表情、眼神甚至是动作肌理都刻画得栩栩如生。我没有沿袭国外整体塑型的方法，而是拆分，把服装、饰品等分别捏塑、雕刻完成之后，再像真人一样，一件一件穿戴上，从而达到灵动飘逸、惟妙惟肖的层次。我开创了真正把翻糖蛋糕做成具有收藏价值的艺术品的时代。

我还将自己喜欢的二次元和古风动漫的人物形象融合进翻糖蛋糕的制作中，不再局限于传统的老人、小孩和小动物的形象，这样一下吸引了大量的年轻人。潜心研发的创意造型也收获了众多的拥趸和好评，越来越多的年轻人愿意投入进来，这是一段从青涩走向成熟，从成熟走向专业，再从专业走向权威的匠心之路。

八、长风破浪会有时

2017年11月，我带领团队，参加了在英国举行的世界权威性翻糖蛋糕大赛——"Cake International"，一举获得三金两铜的好成绩，还获得全场最高奖，并且是第一个获得这一最高荣誉的中国人！在西点这个本来外国专属的领域，头一次有中国人站在了最高位置！

作品《武则天》《醉卧忘忧境》因刻画的服装和器物过于逼真、细腻，评委几乎不敢相信自己的眼睛，一直在追问这真的是用糖做的么，在得到肯定答复后惊呼"Amazing! Amazing! Amazing!"

各大媒体如人民网、CCTV、中国国际电视台、英国BBC、新华社、人民日报、环球时报、北京青年报、扬子晚报、法制晚报、中国新闻网、搜狐网、今日头条、阿里巴巴造物节、苏州电视台、重庆卫视、网易新闻、腾讯新闻、新浪新闻、苏州新闻、泉州广播电视台、哔哩哔哩、梨视频、腾讯视频、爱奇艺、二更视频、芭莎艺术、知音等，争相报道这一为国争光的喜讯，两次荣登新浪微博热搜榜。

我还受邀参加了《快乐大本营》《天天向上》《CCTV-1相聚中国节·端午正风华》《CCTV-3过年七天乐》《有请主角儿》《中国梦想秀》《了不起的匠人》《开学第一课》等电视节目并受到热烈欢迎。

时隔一年，2018年10月，我获得了被誉为蛋糕界的奥斯卡奖——Cake Masters（蛋糕大师组织）全球提名！从全球10万多名候选人中脱颖而出，拿到了国际人偶蛋糕最佳设计师奖（Modelling Excellence Award），同时摘得2018年年度国际翻糖蛋糕设计全场最高艺术家奖（Cake Artist of the Year）的桂冠。在这种权威的国际评选中，我成为两次获奖的中国人，再一次为祖国赢得荣誉……当天晚宴，英国爵士带领上千名来自全世界的最顶尖蛋糕师，起立为我们鼓掌欢呼。

九、归来仍是少年

我是幸运的，我和我的作品引起国人的关注，也吸引了无数国外同行的关注，每天都有全世界的学员排队预约我的课程及产品。一名艺术匠人所肩负的责任，不仅仅是对技艺的传承，同时在于结合现代的审美和品位，想办法让中国的传统艺术匠人不再尴尬，让中国的传统技艺得以更好地传承和发扬。

> 虽然我已不再年轻，但在心里，
> 仍如少年一般，不忘初心继续前进。
> 我是周毅，我做我自己！
> 大家从我身上可以看到你们青春的背影！
> 以及我们不容人忽视的青春。
> 比赛赢了，重要吗？
> 其实一点都不重要。
> 我看到的，
> 重要的不是拿了第一，
> 因为没有人会真正在意。
> 重要的是，
> 这么多年过去了，
> 仍有人付出青春和匠心力争上游。
> 我不是为了打榜，为了排名，
> 而是为了致敬我们转瞬即逝的青春，
> 为我们共同的青春增添光彩。
> 回首过去，你是否和我一样拼尽全力，
> 想要通过努力闯出一片天地！
> 兴趣、热情、正确的思维方式、匠心、正直、善良是道，
> 项目、商业、选择是术，
> 先有道而术自成。

225

糖王烘焙学院

sk糖王

SK糖王翻糖烘焙培训学院作为国内从事烘焙行业培训的企业，非常重视细节和实践，坚信细节决定成败。

培训项目有翻糖蛋糕工艺、拉糖工艺、韩式豆沙裱花、糖霜饼干、面包、咖啡、法式甜品等。

周毅在2017年于英国举办的世界权威性翻糖蛋糕大赛（Cake International）中获最高奖，除此之外其带领的团队还在比赛中一举拿下三金两铜。

2018年周毅被Cake Masters（蛋糕大师组织）提名，被授予国际人偶蛋糕最佳设计师奖（Modelling Excellence Award）和年度国际翻糖蛋糕设计全场最高艺术家奖（Cake Artist of the Year），成为两次获得全场最高奖的中国人。

2019年周毅团队再一次参加了于英国举办的世界权威性翻糖蛋糕大赛（Cake International），从1000多名来自全世界的翻糖蛋糕师中脱颖而出，荣获四个金奖，其中一个金一奖，一个金二奖。

人民网、英国BBC、CCTV-4中文国际、北京青年报、腾讯新闻、今日头条、环球时报、中国新闻网、二更视频等各大媒体争相采访报道。参加了《快乐大本营》《天天向上》《CCTV-1相聚中国节·端午正风华》《CCTV-3过年七天乐》等电视节目。

2017年获奖作品《武则天》
世界权威性翻糖蛋糕大赛全场最高奖作品
作者：糖王周毅

传授烘焙知识
指引创业之路

糖王烘焙学院线上课程

微信扫一扫线上学习

糖王烘焙学院线下课程

翻糖甜品台课程	欧包专修课
翻糖人偶专修课	私房专修课
韩式裱花专修课	法甜专修课
英式糖花专修课	拉糖专修课
英国PME翻糖证书课	半立体糖牌课

风里雨里 我们等你 选择我们 成就自己 实现梦想

欣赏更多翻糖佳作
请移步：@SK糖王周毅
课程咨询：18120063010

新浪微博　　　　抖音　　　　微信公众号

QLG0057

猫爪模具
规格：30*20*3.2cm

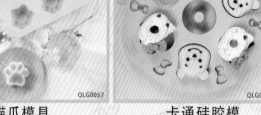

QLG0058

卡通硅胶模
规格：26*23.8*2.5cm

QLG0035

柠檬蛋糕模
规格：28.2*17.7cm

卡莱恩烘焙旗舰店

创意烘焙

更多产品手机淘宝扫一扫

让烘焙更简单

QLG0068　QLG0066

QLG0067　QLG0065

家庭烘焙一套就够

精选配备20件套装，无论初学者还是
烘焙大师，都能满足您的需求

送　纸杯50只　抹刀*1
　　饼干压模*8　蛋糕粉*1

波纹吐司盒

多功能不沾烤盘

戚风模具

YC8102K
规格：19.4*10.3*11.2cm

YC80154K
规格：28*28*3.5cm

YC80173K
规格：16.5*15.2*7.9cm

棒棒糖硅胶模

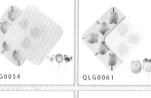

QLG0053　QLG0054　QLG0061

QLG0062　QLG0063　QLG0064

3年内质量问题包换新

防滑
加厚款　食品级硅胶　压印刻度　防霉水盆

彩虹蛋糕模具

送零基础教程

免切片/零基础可上手

6寸猫爪　　6寸兔兔

6寸五角星　6/8寸爱心

4/6/8寸圆形

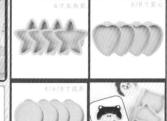

慕斯硅胶模

HOME·BAKING

HOME·BAKING

HOME·BAKING

HOME·BAKING

波斯菊

大丽菊

帝王花

大绣球花

洋桔梗花

毛茛花

银叶菊花

尤加利花

郁金香花

水仙百合

丁香花

玫瑰花

卡莱恩翻糖馆　创意翻糖

更多产品手机淘宝扫一扫

2019 FONDANT ICING
work-box
58件套更实惠
翻糖花卉之工具套装
KLEIN

欧式装饰模具
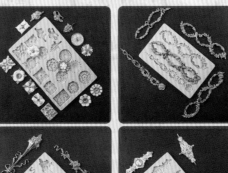

SHANIABELLE

仙妮贝儿食品有限公司

www.shaniabelle.com

仙妮贝儿一直致力于翻糖原料及烘焙相关产品的研发及生产。翻糖是由欧洲传入国内的，最开始只能选择进口原料，价格昂贵，产品单一，配料比例并不适合国内翻糖蛋糕制作。仙妮贝儿推陈出新，针对翻糖工艺操作细节，自主研发出3个大类9个小类的翻糖原料，其翻糖膏、干佩斯及防潮系列独创人偶、柔瓷、糖牌干佩斯成为业界翘楚。防潮系列产品使翻糖进入了更多领域，奶油、冰淇淋、甜品上都可以见到翻糖的身影。仙妮贝儿本着对烘焙事业的热爱，用心做好每一份产品。

仙妮贝儿经营产品

翻糖膏、奶香味翻糖膏、人偶干佩斯、花卉干佩斯、柔瓷干佩斯、防潮糖牌干佩斯、防潮人偶干佩斯、防潮花卉干佩斯、即时蕾丝膏、蕾丝酱料、蕾丝预拌粉。

仙妮贝儿天然色素

全系列9款颜色

仙妮贝儿天然色素由天然提取物成分组合调配而成，具有添加量使用限制低、非合成、健康等特点，适合现代健康理念。

仙妮贝儿高浓度色素

全系列48款颜色

选用进口原料调配，颜色品类齐全，着色能力强，色彩饱和度高，不易褪色，适用于各类烘焙、甜点、巧克力、糖果等调色。

仙妮贝儿翻糖色粉

全系列108款颜色
常规色彩 48种
进阶色彩 48种
高级冷色调12种

进口超细原料，上色均匀易附着，纯度高，用量少，不易褪色，色差小，色彩丰富，选择空间大。

淘宝扫一扫

欢迎咨询订购

服务热线：400-113-1880

图书在版编目（CIP）数据

糖王周毅翻糖蛋糕之神话集 / 周毅主编. — 北京：
机械工业出版社，2021.5
（周毅翻糖教室）
ISBN 978-7-111-67581-5

Ⅰ. ①糖… Ⅱ. ①周… Ⅲ. ①蛋糕 – 糕点加工 Ⅳ. ①TS213.2

中国版本图书馆CIP数据核字（2021）第033051号

机械工业出版社（北京市百万庄大街22号　邮政编码100037）
策划编辑：范琳娜　　　责任编辑：范琳娜
责任校对：张玉静　　　封面设计：刘术香等
责任印制：李　昂
北京瑞禾彩色印刷有限公司印刷

2021年5月第1版第1次印刷
190mm×260mm · 14.5印张 · 2插页 · 212千字
标准书号：ISBN 978-7-111-67581-5
定价：98.00元

电话服务　　　　　　　　　网络服务
客服电话：010-88361066　　机 工 官 网：www.cmpbook.com
　　　　　010-88379833　　机 工 官 博：weibo. com/cmp1952
　　　　　010-68326294　　金 书 网：www. golden-book. com
封底无防伪标均为盗版　　机工教育服务网：www. cmpedu. com